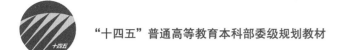

"十四五"普通高等教育本科部委级规划教材

数字新媒体：设计与传播

丛书主编：望海军

Maya 动画建模案例教程

谭 维 刘 畅 阮筱吟◎编著

U0217097

中国纺织出版社有限公司

内 容 提 要

Maya是欧特克（Autodesk）公司推出的一款三维建模和动画软件，被广泛应用于游戏、动画、影视、广告及工业设计等诸多领域，也是目前国内外最常用的三维特效视觉设计软件。

本书主要介绍了Maya软件建模模块的知识和技巧，从基础的建模方式介绍开始，逐步加深难度至各类建模案例，旨在让读者掌握软件的操作方式和建模技巧，并能够熟练应用于建模项目中。

本书注重激发读者的学习兴趣并培养读者的操作能力，书中所有教学案例均配有视频操作教程，无论是软件初学者还是有经验的数字艺术创作者都可以通过学习本书内容而受益。

图书在版编目（CIP）数据

Maya动画建模案例教程／谭维，刘畅，阮筱吟编著
.-- 北京：中国纺织出版社有限公司，2024.4
（数字新媒体：设计与传播／望海军主编）
"十四五"普通高等教育本科部委级规划教材
ISBN 978-7-5229-1302-5

Ⅰ．①M… Ⅱ．①谭… ②刘… ③阮… Ⅲ．①三维动画软件－高等学校－教材 Ⅳ．① TP391.414

中国国家版本馆CIP数据核字（2023）第246779号

责任编辑：华长印 朱昭霖 责任校对：高 涵
责任印制：王艳丽

中国纺织出版社有限公司出版发行
地址：北京市朝阳区百子湾东里 A407 号楼 邮政编码：100124
销售电话：010—67004422 传真：010—87155801
http://www.c-textilep.com
中国纺织出版社天猫旗舰店
官方微博 http://weibo.com/2119887771
天津千鹤文化传播有限公司印刷 各地新华书店经销
2024 年 4 月第 1 版第 1 次印刷
开本：787×1092 1/16 印张：10.5
字数：158 千字 定价：69.80 元

凡购本书，如有缺页、倒页、脱页，由本社图书营销中心调换

Maya拥有强大的软件功能和完善的工作体系，是一款国内外大多数视觉设计领域都在使用的三维动画制作软件。Maya为数字艺术家们提供了一系列灵活、强大的实用工具，帮助他们完成从建模、材质渲染、灯光、骨骼绑定、角色动画、视觉特效到最终输出的全部工作。在全世界大范围地区，Maya已经成为三维动画制作的主流软件，很多我们熟知的影视动画作品都有Maya参与的身影，如《指环王》系列、《哈利·波特》系列、《复仇者联盟》系列、《速度与激情》系列，至于其他设计和广告方面的使用更是不胜枚举。

Maya软件拥有几百种命令组合，可以帮助使用者达到各种制作目标，因此想要通过软件介绍熟悉和记住所有命令几乎是一件不可能的事情。有别于市面上其他Maya教材对于软件功能全面介绍的教学方式，本书采取项目案例教学法，着重强调通过实际项目案例学习软件功能的操作和使用，除软件基本操作外的所有制作命令，读者都可在项目案例中学习运用与组合，真正达到学以致用的教学目的。本书积极贯彻落实了党的二十大报告关于教育工作的重要部署，响应坚持科学的教育理念，把提高教育质量作为一项系统工程，倡导启发式、体验式、互动式教学，全面提高学校教学质量的号召。

本书由浅入深、由简入繁，从简单项目案例到复杂项目案例逐步过渡，符合零基础的读者学习新知识的思维习惯。书中涉及动画道具和场景的项目案例，能够帮助读者迅速实现从基础入门到进阶提升。以下为本书的主要内容简介。

第一章，Maya软件介绍。该章节主要给初学的读者介绍Maya软件的功能、特点和应用领域，让读者理解学习这个软件能够做什么，对其有一个全面的认识。

第二章，Maya软件基础功能。该章节主要介绍Maya软件的主要界面内容和使用软件所需的基本操作命令。通过该章节的学习，读者能够掌握软件的基本功能与操作。

第三章，动画道具建模案例。该章节主要通过制作项目案例让读者学习 Maya 软件的建模理念和技巧。本章从多边形物体建模基础知识和简单道具建模到复杂道具建模，由浅入深地学习建模相关的操作技巧。通过该章节的学习，读者可以掌握多边形建模及其他相关建模方法，独立完成道具模型的制作。

第四章，动画角色建模案例。该章节主要学习动画角色的模型制作，并且重点学习人形角色模型的创建。通过该章节的学习，读者可以掌握多种建模方式，对角色身上一些非常规造型的物体进行建模，并且学习适合影视动画的角色建模理念。

第五章，动画场景建模案例。该章节主要通过制作画面较复杂的场景模型，让读者在学习更深层次建模技巧的同时，加强对多个模型融合的整体布局观念。从模型数量较少的简单场景到模型数量较多的复杂场景，并且重点学习灯光和渲染对环境氛围的营造。读者可以理解复杂模型的创建流程和相关操作命令，独立完成数量多、结构复杂的场景模型的制作。

通过对本书的学习，读者可以熟练操作 Maya 的建模、材质、灯光、渲染，还可以对 Maya 所涉及的影视动画制作有更深层次的理解。

本书基于 Maya 2023 版本进行编写，建议读者使用该版本软件。若使用其他版本 Maya 软件，可能会存在少数命令和操作在软件界面上位置有出入的情况，但不影响使用本书。

若广大读者在阅读过程中对本书内容有疑问或发现错漏之处，希望大家批评指正。

编著者

2024 年 2 月 1 日

目录

第一章

Maya软件介绍

第一节　Maya软件的应用领域

作为一款当今主流的三维建模和动画软件，Maya被广泛应用于游戏、动画、影视、广告及工业设计等诸多领域。无论使用者是影视动画制作者、游戏制作人员、数字艺术家，还是普通的三维软件爱好者，都能在Maya中实现自己的构思创意。本节将介绍Maya软件当今主流的几个使用领域。

一、影视动画

作为影视动画制作人员的首选工具，Maya可以创建造型、动画和材质光影极其逼真的数字图形角色，也可以创建各种风格迥异和视觉特效丰富的场景。这些Maya生成创建的数字内容，有着较大的拓展潜力，经过实际制作的检验，能够与其他数字化工具生产的内容高度兼容，可以适应各种复杂的制作流程。很多我们熟知的影视动画作品都有Maya参与的身影，如《指环王》系列、《哈利·波特》系列、《复仇者联盟》系列、《速度与激情》系列等。

二、游戏开发

Maya强大的工具组合能够满足当今游戏公司制作各种类型游戏的需求，并提高设计、开发和创作的工作效率。无论是游戏角色与场景建模，还是纹理材质贴图，抑或是游戏中的大量角色动画，设计师们都可以在Maya中轻松实现。同时，Maya可以制作出顶级的影视动画特效画面，满足游戏的片头动画和过场动画需求。

三、电视广告

从制作逼真的动态元素与实拍镜头完美融合到输出视觉冲击力强的动画特效，Maya已然成为艺术广告设计师最常用的设计工具之一。它不但可以建模渲染制作逼真的产品广告，还能够用绚丽的视觉特效满足广告商的各种高质量画面需求。

四、可视化设计

作为一款能够制作模型、动画和特效并提供高质量渲染画面效果的三维软件，Maya能够提供极为丰富的表达效果。产品设计师、数字艺术家和各类可视化专业设计人员都可以从中获益。拥有极强的输出融合潜力，Maya输出的内容能够与其他设计类软件高度融合，让使用者能够高效地把Maya产生的内容融入可视化工作内容中。Maya已经成为视觉艺术工作者使用的主流工具之一。

第二节　Maya软件的功能概述

虽然现阶段各种新研发的三维软件层出不穷，但Maya依然是影视动画特效制作软件的中流砥柱。Maya的地位不可撼动得益于它强大的功能融合，主要表现在建模、渲染、动画和特效等主要方面。本节主要介绍Maya的主要功能和特点。

一、建模

Maya拥有强大的工具包组合，使其能够以多种方式进行不同类型的模型创建，如多边形建模、曲线建模和雕刻建模。设计师通过交叉使用这些建模工具，能够完全实现各类复杂的造型建模。同时Maya与其他建模软件有良好的兼容性，能够轻易地进行资源互导，实现多类型软件交叉使用，达到最终的设计效果。角色类、场景类和机甲类等任意类型的模型创建，都可以通过Maya轻松实现，影视、广告、游戏、虚拟等不同类型的工作制作流程，也都可以与Maya工作内容无缝衔接（图1-1）。

图1-1 《指环王》（2021年）和《哥斯拉2怪兽之王》（2019年）场景角色建模

二、渲染

现阶段，逼真的视觉效果已经成为影视、广告、游戏的基本制作标准。阿诺德（Arnold）渲染器作为一款Maya内置的电影级渲染器，能够轻松渲染真实的光影与写实的材质效果。软件内的大量材质素材能够与其他软件材质兼容，无论是卡通类型材质的灯光还是超写实类型的光影特效，Maya都能凭借内部工具配置轻松实现，并且输出类型多样化，能够满足后期制作人员的任何需求。Maya丰富且多样的材质、灯光设置，能够让数字艺术家轻松创建出任意类型的虚拟世界（图1-2）。

图1-2 《赛博朋克2077》《银翼杀手2049》（2017年）渲染图

三、动画

Maya具有极其强大的动画模块，其中丰富的骨骼绑定工具能够满足各类动画角色的绑定需求。软件搭配的绑定流程，能够让使用者快速完成影视级别的角色绑定，极大地提高了角色动画制作的工作效率。在Maya里，动画师可以完全手动调节角色动画，也可以利用软件搭配的动作捕捉技术完成动画部分的前期制作，再去优化局部细节以达到满意的动作效果。Maya的动画模块让数字艺术家可以充分发挥创造力，让虚拟角色进行精彩绝伦的表演（图1-3）。

图1-3 《小黄人大眼萌》（2015年）和《疯狂动物城》（2016年）角色动态

四、特效

Maya提供了丰富的特效模块，有完整强大的布料系统、云朵烟雾系统、海洋创建系统、动力学系统和粒子系统等，能够让数字艺术家实现各种逼真的视觉特效。Maya的特效系统也能够与其他特效软件进行资源互导，让特效制作更加灵活，满足项目的多平台融合需求，为数字艺术家在创造虚拟世界中的视觉效果提供了高效且强大的功能支持（图1-4）。

图1-4 《2012》（2009年）特效场面

▶ 第二章

M Autodesk

Maya软件基础功能

第一节　Maya软件界面介绍

本节将介绍Maya（2023版本）界面中的各个区域和其中的常用功能、在界面中的分布和使用技巧。Maya的整体界面如图2-1所示。

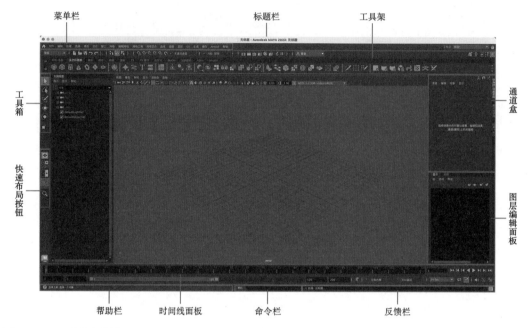

图2-1　Maya软件完整界面

一、标题栏

软件界面最上面的是标题栏，此处显示的是软件版本信息和当前工程文件的名字。通过标题栏我们可以知道目前工程文件的名称和其对应的存储路径（图2-2）。

图2-2　软件标题栏

二、菜单栏

菜单栏是Maya软件所有命令分类的集合区域，主要分为两个部分：一部分为通用菜单栏，另一部分为模块菜单栏（图2-3）。

文件 编辑 创建 选择 修改 显示 窗口 网格 编辑网格 网格工具 网格显示 曲线 曲面 变形 UV 生成 缓存 Arnold 帮助

图2-3 软件菜单栏

通用菜单栏里的命令为常用命令，无论切换到什么工作模块，这一部分的命令菜单都不会有变化，其中包括文件、编辑、创建、选择、修改、显示、窗口。

"文件"菜单里的命令主要用于对文件的管理，包括新建场景、保存场景、导入场景和导出场景等。

"编辑"菜单里的命令主要用于对文件进行复制、剪切、删除历史记录等。

"创建"菜单里的命令主要用于在软件里创建一些多边形、曲面模型、灯光、摄影机等各类基本元素。

"选择"菜单里的命令主要用于便捷地选择软件中的元素，如选中、反选、取消选择等。

"修改"菜单里的命令主要用于对元素进行属性的编辑，如改变工具、元素中心点居中、元素属性归零等。

"显示"菜单里的命令主要用于对软件中元素的辅助显示。在软件制作中会遇到场景中元素繁多的时候，有模型、摄影机、灯光、骨骼、粒子等。辅助显示功能可以隐藏或独立显示某一些需要被看到的元素，让工作更加高效便利。

"窗口"菜单里的命令主要用于调整各模块的属性面板，可以对软件界面的各个面板进行编辑，根据需要显示或隐藏一些特殊工作面板。

三、工具架

工具架上的图标为Maya软件中最常用的命令，如保存场景、打开场景、吸附工具、渲染设置窗口等（图2-4）。

与菜单栏一样，工具架也分为两部分。

第一部分是常用的公共命令：模块切换下拉菜单、文件管理、选择过滤、吸附功能、对

图2-4 软件工具架常用命令

称模式、节点切换、常用渲染设置工具和面板管理工具（图2-5）。

图2-5　软件工具架第一部分

第二部分是模块的常用命令，选择不同的模块，工具架上对应的命令图标也会进行相应的切换。这些工具是将菜单栏里的一些命令以图标的形式展现在这里，便于使用者快速调用（图2-6）。

图2-6　软件工具架第二部分

四、模块切换与工具架编辑

Maya是一款功能丰富的软件，包括建模、绑定、动画、特效、渲染等模块，每一个模块下又有丰富的功能命令组合。对于数量庞大的命令组合，为了便于分类和辨别，Maya按照模块将这些命令分类，不同模块对应不同的命令类型。例如，切入模型模块时，菜单栏里就会显示有关模型创建的命令，切换到动画模块时，菜单栏里就会显示有关动画制作的命令。

切换模块时，使用者需要单击模块切换下拉菜单，选择相关模块（图2-7）。

值得注意的是，当切换模块时，工具架上的命令并不会随之改变。如果我们要改变工具架上的命令，需要单击工具架菜单进行切换（图2-8）。单击工具架菜单可以切换不同模块的工具组（图2-9）。

图2-7　模块下拉菜单

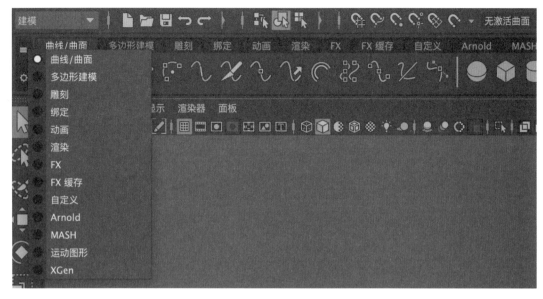

图2-8　工具架菜单"曲线/曲面"模块

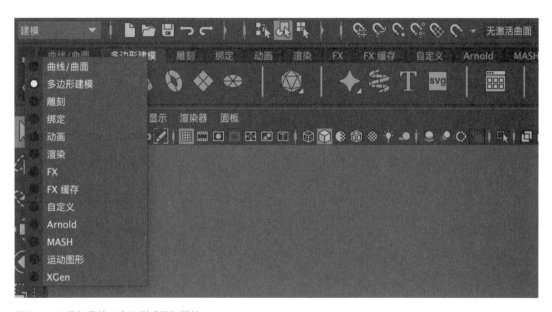

图2-9　工具架菜单"多边形建模"模块

五、视图面板

视图面板位于Maya软件的正中心区域，是对模型进行创建、调整操作的区域。通过视图面板，可以创建新模型并对其进行编辑，也可以观看材质和灯光渲染前的效果（图2-10）。

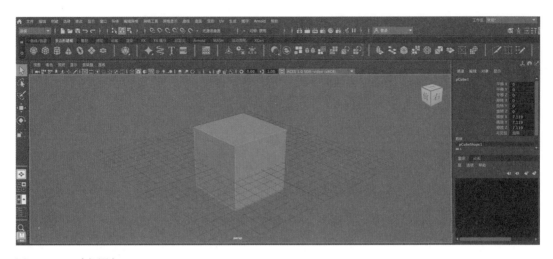

图2-10　360度视图窗口

六、属性面板

　　属性面板位于视图面板的右侧。属性面板包括调整物体属性的通道盒面板和图层调节面板。在通道盒面板中，可以调节模型的各种属性。在图层调节面板中，可以创建和编辑图层，让建模工作更高效（图2-11）。

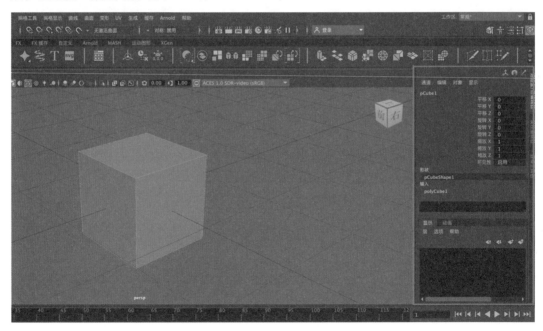

图2-11　通道盒面板和图层调节面板

七、时间线面板

　　时间线面板位于视图面板下方，可以通过时间线面板上的时间刻度调整设置当前文件的动画时长，并且可以对其进行普通播放、逐帧播放或关键帧播放等操作（图2-12）。

图2-12 时间线面板

八、命令栏、反馈栏和帮助栏

时间线面板下面的区域，左上是命令栏，右上是反馈栏，下方整体是帮助栏。命令栏可以让使用者输入Maya内置语言进行编辑。反馈栏是对当前操作进行反馈信息提示、错误信息提示。帮助栏可以对当前命令操作进行帮助说明（图2-13）。

图2-13 命令栏、反馈栏和帮助栏

▎第二节 Maya软件视图控制

本节将介绍视图显示、视图切换和编辑等知识。

一、视图显示

在场景中新建一个立方体后，在视图面板中可以看到一个立方体的模型。单击视图中任意区域，分别按键盘上的数字"4""5""6""7"键，可以切换到线框显示模式、实体显示模式、颜色纹理模式、灯光显示模式（图2-14）。

还可以调整视图面板中的场景背景色。按快捷键"Alt+B"可以切换不同的背景色（图2-15）。

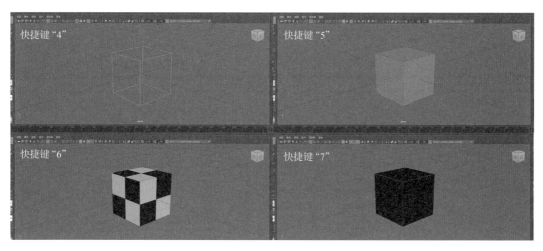

图2-14 四种显示模式

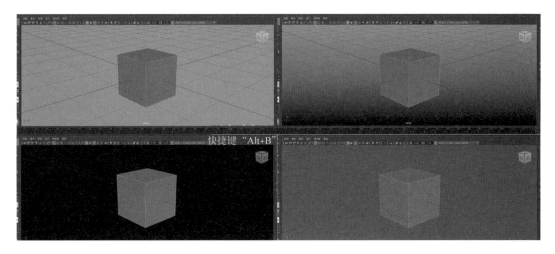

图2-15 切换视图中背景色

　　视图面板中视角的调整：每一个Maya中新建的场景都存在一个默认摄影机，在初始的视图面板中看到的就是默认摄影机的视角。通过摄影机的视角，可以看到场景中的模型，按快捷键"Alt"+鼠标左键并移动鼠标可以旋转当前视角，滚动鼠标的中键（滚轮）可以缩放当前视角，按快捷键"Alt"并按下鼠标中键（滚轮）移动鼠标可以平移当前视角。

二、视图切换

　　Maya允许使用者在工作过程中根据需要进行视图切换。按键盘空格键，可以将一个大的视图模式切换成四视图模式。用鼠标单击任意一个视图再按空格键，则可以放大该视图（图2-16）。

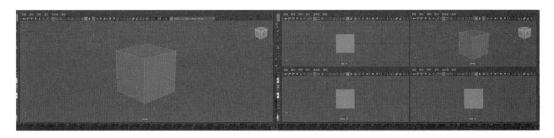

图2-16 四视图与透视视图切换

Maya 动画建模案例教程

　　同时，可以通过左边的"视图切换工具"进行主视图和四视图模式的切换（图2-17）。

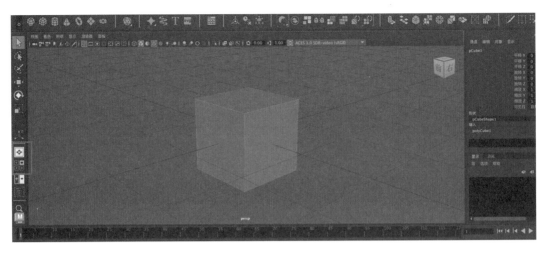

图2-17　视图切换工具

三、四视图的主要内容

切换到四视图模式后，除了原本的360度透视视图，其他三个视图分别为顶视图、前视图和侧视图（图2-18）。

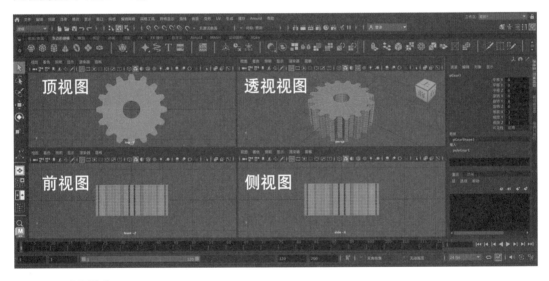

图2-18　四视图模式

值得注意的是，透视视图是常用的工作视图，可以在其中进行视图角度的旋转，并观察到透视关系，其他视图则没有透视关系，并且不能旋转视角。

四、工作界面风格切换

在Maya中，使用者可以根据个人的喜好和工作习惯，自由调整切换软件的工作界面。在软件右上角的"工作区"有丰富的软件界面预设模式，这些预设模式可以供使用者在不同流程中使用（图2-19）。

图2-19 工作界面风格切换选项

第三节 Maya软件物体编辑工具

本节将讲解如何对软件场景中的模型进行选择、移动、旋转和缩放等命令操作。

一、选择工具

单击工具箱中的"选择工具"按钮，或按下快捷键"Q"键，可启动选择工具。此时单击模型，就可以选中这个模型。被选中的模型在视图中会有高亮显示（图2-20）。

二、移动工具

单击工具箱中的"移动工具"按钮，或按下快捷键"W"键，可启动移动工具。当选中

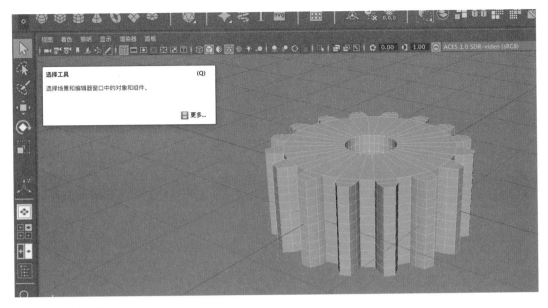

图2-20 选择工具标识

一个模型，启动移动工具后，模型上会显示出移动工具的图标，分别是"红""绿""蓝"三个箭头，分别代表"x""y""z"轴方向，单击并按住某个箭头并移动鼠标，就可以往该轴向移动模型。如果单击并按住三个箭头中心的方框处，则可以在视图内任意移动该模型（图2-21）。

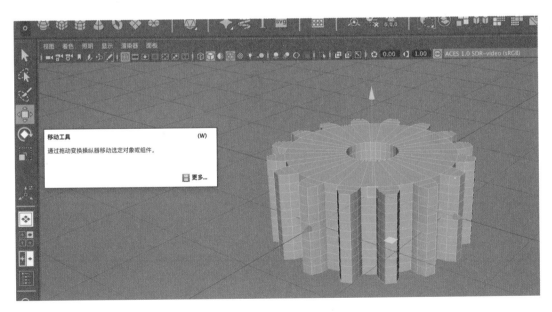

图2-21 移动工具标识

三、旋转工具

单击工具箱中的"旋转工具"按钮，或按下快捷键"E"键，可启动旋转工具。当我们选中一个模型，启动旋转工具后，模型上会显示出旋转工具的图标，分别是"红""绿""蓝"三个圆环，分别代表"x""y""z"轴方向，单击并按住某个颜色的圆环并移动鼠标，就可以单方向地旋转模型。如果单击并按住任意两个圆环之间的空白处移动鼠标，则可以360度旋转该模型（图2-22）。

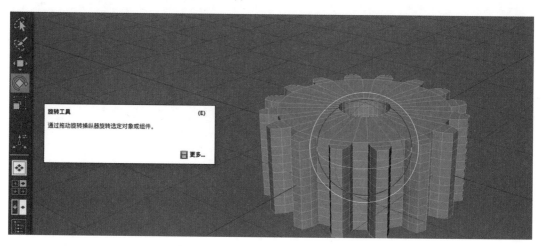

图2-22　旋转工具标识

四、缩放工具

单击工具箱中的"缩放工具"按钮，或按下快捷键"R"键，可启动缩放工具。当选中一个模型，启动缩放工具后，模型上会显示出缩放工具的图标，分别是"红""绿""蓝"三个由直线引导的方块，分别代表"x""y""z"轴方向，单击并按住某个颜色的方块并移动鼠标，就可以单方向地缩放模型。如果单击并按住三个方块中心交汇处的黄色方块，则可以整体缩放该模型（图2-23）。

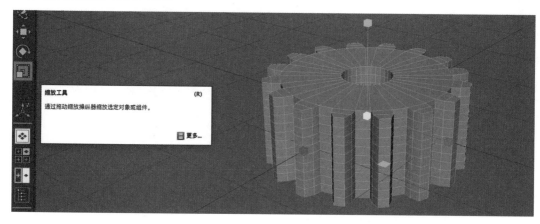

图2-23　缩放工具标识

五、通道盒

除了在视图中可以对模型进行移动、旋转和缩放外，还可以在通道盒中更精确地实现这些命令。在通道盒里可以看到移动、旋转、缩放工具的参数。在这些参数栏里输入数字，视图中的模型就会发生相应的变化。通道盒参数栏最下面一个参数是"可见性"，将其数字设置为"禁用"（或0）时，这个模型会隐藏不可见；将其数字设置为"启用"（或1）时，模型会显示可见（图2-24）。

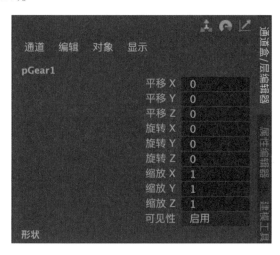

图2-24　通道盒面板

第四节　Maya软件图层管理工具

本节将讲解Maya里的图层面板中的命令。图层可用于分类管理场景中的复杂元素，将这些元素分类显示、隐藏、锁定等。本节将对图层的创建、删除、显示与锁定，以及添加与移除模型等知识进行讲解。

一、创建图层

在图层面板中，可以用两种方式来创建新图层。

第一种方式，单击图层面板中第三个"创建新层"按钮，就可以创建一个新的图层。双击图层，就可以对其进行命名、修改显示类型和定义颜色等操作（图2-25）。新创建一个图层后，可以将模型添加进这个图层，具体方式为：选中一个模型，将鼠标移动到图层名称上，单击右键，选择"添加选定对象"。

第二种方式，选中视图中的模型，单击图层面板中的第四个"创建新层并指定选定对象"按钮，就可以在创建一个新图层的同时，把模型也添加到当前图层内（图2-26）。

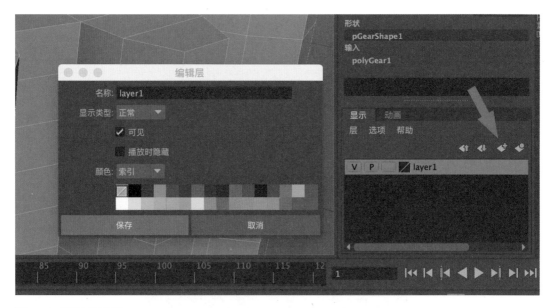

图2-25 编辑图层面板

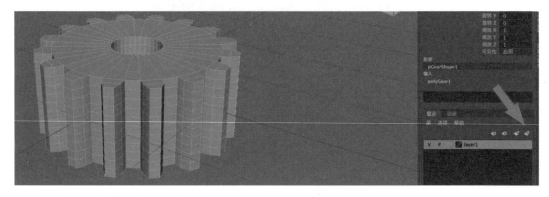

图2-26 "创建新层并指定选定对象"按钮

二、删除图层

当不需要某个图层的时候,可以选择删掉该图层。单击选中该图层,单击右键打开快捷菜单,在菜单里选择"删除层"命令,就可以删除该图层(图2-27)。

三、显示图层与锁定图层

在图层面板中,可以对图层的模式进行调整。创建一个图层后,单击图层上的第一个小方框内的显示模式按钮"V"可以显示或隐藏

图2-27 删除图层选项

当前图层内容；单击第三个小方框内的显示模式按钮"R"可以锁定图层并以实体显示模型，再次单击第三个小方框内的显示模式按钮"T"可以锁定图层并以线框模式显示模型；再次单击将第三个小方框内变为空白则表示解锁图层（图2-28）。

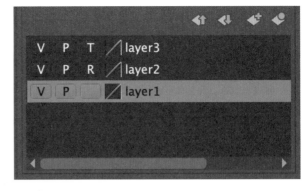

图2-28　图层显示与锁定图标

四、添加与移除模型

要往一个图层里添加模型，需要先选中模型，然后右键单击当前图层，在出现的菜单中选择"添加选定对象"（图2-29）。

要移除一个图层中的模型，可以在视图中选择模型，然后右键单击当前图层，在出现的菜单中选择"移除选定对象"（图2-30）。

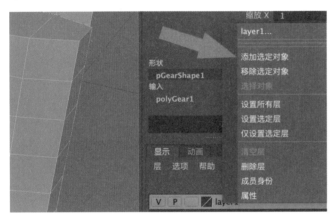

图2-29　"添加选定对象"命令

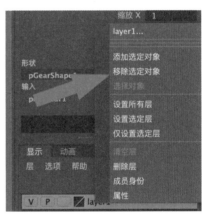

图2-30　"移除选定对象"命令

第五节　Maya软件时间线模块

本节将讲解时间线面板里的各个功能，帮助使用者了解时间线的工作逻辑。

一、起始点和结束点

时间线面板的时间长度分为总时长和显示时长两个部分，在时间线面板的下方左右两端可以设置总时长，左边为时间起点，右边为时间终点（图2-31）。

在时间线面板靠中间的两个方框内可以设置显示时长，左边为起点，右边为终点（图2-32）。

起点   终点

图2-31 总时长的起点与终点

起点   终点

图2-32 显示时长的起点与终点

二、播放控制

时间线面板右边为播放控制面板，在这里可以对当前场景中的动画进行播放预览。播放控制面板的按钮功能从左至右依次为"回到播放范围开头""回到上一帧""回到上一个关键帧""倒退播放""前进播放""前进到下一个关键帧""前进到下一帧""回到播放范围结尾"（图2-33）。

图2-33 播放控制按钮

三、帧速率的设置

帧速率是指每秒播放动画的帧数，是动画制作过程中的重要属性，不同项目对帧速率的要求各不相同。Maya的时间线面板允许在制作过程中设置不同的帧速率。在时间线面板右下角单击帧速率预设按钮，可以选择不同的帧速率（图2-34）。

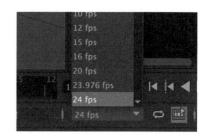

图2-34 帧速率选项

第六节　Maya软件文件管理工具

本节将讲解Maya中工程文件的创建与指定、文件的导入与导出、创建引用文件等命令。

一、创建工程

在用Maya制作动画的过程中，会涉及大量文件、如场景文件、材质贴图文件、预览视频文件、渲染序列帧图片等。为了方便管理和分类所有的文件，就需要创建工程，将不同类型的文件存放到指定的文件夹中。

在菜单栏中执行"文件—项目窗口"命令，打开项目窗口面板（图2-35）。

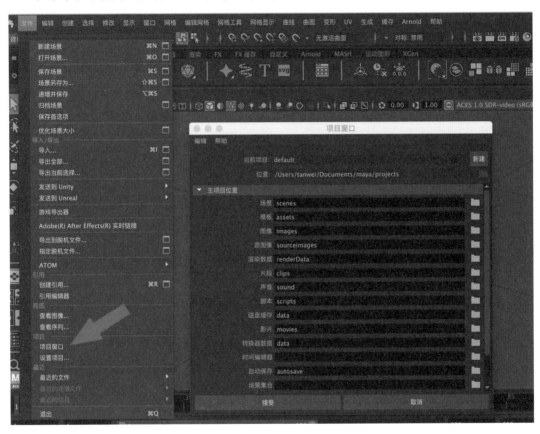

图2-35 项目窗口面板

在项目窗口面板中单击"新建"按钮，激活面板，第一栏可以填写工程的名字，第二栏可以设置工程在电脑中的地址路径。"主项目位置"为Maya默认的工程文件夹，每个文件夹负责存储特定的文件，一般保持默认即可。单击"接受"按钮，工程创建完毕（图2-36）。

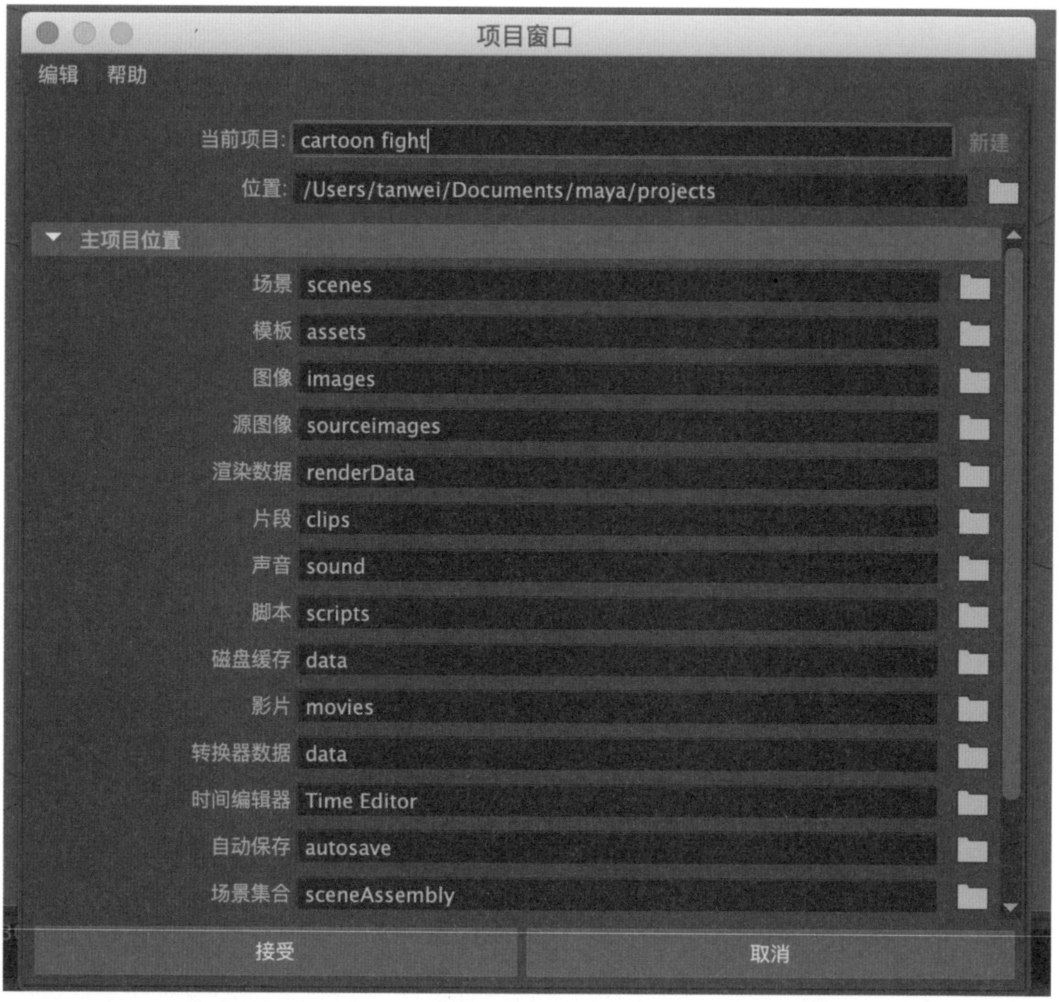

图2-36　创建项目工程文件

值得注意的是，在创建工程和场景文件时，尽量避免出现汉字的名字或路径，因为 Maya 软件在读取带汉字的文件时容易出错。

二、指定工程

如果有一个已经创建完毕的工程，为了保证 Maya 在当前工程内读取或存储数据，就需要指定工程。指定工程后，场景文件就能够自动到当前工程的文件夹里读取或存储数据，否则有些数据会在其他文件夹内读取或存储，导致文件损坏无法渲染或无法制作动画。

在菜单栏中执行"文件—设置项目"命令，就可以选择指定的工程（图2-37）。

Maya 动画建模案例教程

三、打开与保存文件

在菜单栏中执行"文件—新建场景"命令，即可创建新的场景，快捷键为"Ctrl+N"；执行"文件—打开场景"命令，即可读取场景文件，快捷键为"Ctrl+O"；执行"文件—保存场景"命令，即可保存场景文件，快捷键为"Ctrl+S"。单击工具架中对应的快捷按钮也可实现这些功能（图2-38）。

值得注意的是，不能直接将文件拖拽到视窗内来打开文件，拖拽到视窗代表"导入文件"，不是一种正确的打开文件的方式。导入操作会导致文件信息更改，在制作特效的时候，文件信息更改可能导致某些软件运算错误。

四、导入与导出文件

如果需要从外部导入文件到当前场景，在菜单栏中执行"文件—导入/导出—导入"命令即可。

如果需要将当前场景的全部或部分素材导出，在菜单栏中执行"文件—导入/导出"下的"导出全部"或"导出当前选择"命令即可（图2-39）。

五、创建引用文件

引用文件是一种常用的文件管理方式，用户在制作动画时可以同时编辑多个素材文件，如果需要使用其他文件的制作进度，则可以以引用文件的方式读取文件。在引用文件编辑器里可以随时读取更新的文件，并且不会影响被引用的文件本体（图2-40）。

图2-37　设置项目选项

图2-38　打开与保存场景命令

图2-39　导入与导出文件命令

图2-40　创建引用命令

▶ 第三章

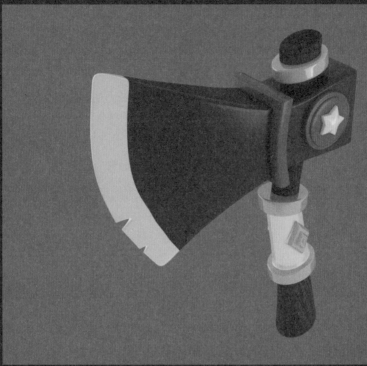

动画道具建模案例

第一节　多边形物体建模基础

本节将介绍在Maya软件中如何开始一个模型的创建，并学习初级的模型编辑知识和技巧。Maya中有很多不同的建模方式，多边形物体建模是最常用也是最适合初学者使用的建模方式。多边形建模比较容易实现造型各异的形态，被广泛应用于动画影视建模、游戏建模、广告产品建模等领域。

一、多边形建模基本原理

一个多边形模型包括点、边、面、体四个基本元素。两点构成一条边，三条或多条边构成一个面，多个面有序地组合在一起就构成了一个复杂的模型。多边形建模的过程可以理解为在软件中捏泥巴造型的过程，通过对模型的点、边、面的位置编辑，去塑造一个结构复杂的模型的过程。

二、在Maya中创建基础模型

复杂的模型都是由基础模型编辑而来的。Maya的多边形建模工具给我们提供了球体、立方体、圆柱体等多种基础模型，单击相应的基础模型创建按钮就可以在视图中心创建一个基础模型。如单击创建球体按钮，视图中心就会创建一个球体模型（图3-1）。同理，若单击创建立方体的按钮，则会在视图中心创建一个立方体模型，若单击创建圆柱体的按钮，则会在视图中心创建一个圆柱体模型。

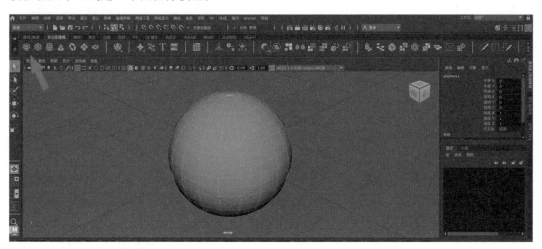

图3-1　创建球体基本体模型

除了通过工具架中的按钮快速创建基础模型外，还可以通过菜单栏里的"创建—多边形基本体"命令下的子命令，创建所需的基本模型（图3-2）。

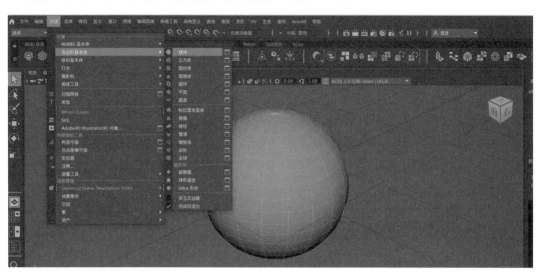

图3-2 从菜单栏中创建球体基本体模型

三、修改默认基本体模型的参数

创建基本体模型后，可以在软件右边的通道盒中修改它的默认参数。如选择一个创建好的基本球体模型，点击通道盒中这个球体模型的名字"polySphere1"，就可以看到这个模型的默认参数，"半径"代表这个球体模型的半径大小（默认为1），"轴向细分数"和"高度细分数"代表模型上的段数（默认为20）。可以尝试将"轴向细分数"和"高度细分数"的数字改为7，可以看到球体变得不再圆滑，模型上的段数也都减少了（图3-3）。其他模型默认参数的修改方式与其类似。

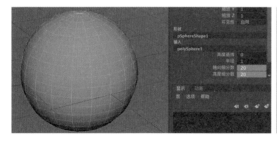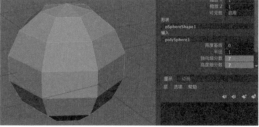

图3-3 修改模型细分数

值得注意的是，以下几种情况无法修改模型的默认参数：其一，通过复制得到的模型。其二，模型被删除了历史记录。其三，模型被执行了相关的网格编辑命令，不再是初始状态。所以，只有默认创建且没有被编辑的初始模型才能修改其默认参数。

四、模型的四元素——点、边、面、体

点、边、面、体是构成一个多边形模型的基础。选中一个创建的多边形球体，按住鼠标右键不放，会弹出编辑相关的快捷菜单（图3-4）。

图3-4　快捷菜单

将鼠标移动到顶点菜单上，松开鼠标，此时模型会进入编辑点模式，模型上所有的点都会被高亮（紫红色）显示，这些点可以被选择、移动、缩放和旋转。选中这些点时，这些点会变成亮黄色（图3-5）。

图3-5　编辑点模式

将鼠标移动到边菜单上，松开鼠标，此时模型会进入编辑边模式，模型上所有的边都会被高亮（浅蓝色）显示，这些边可以被选择、移动、缩放和旋转。选中这些边时，这些边会变成粉红色（图3-6）。

图3-6　编辑边模式

将鼠标移动到面菜单上，松开鼠标，此时模型会进入编辑面模式，模型上所有的面都会被高亮（浅蓝色）显示，这些面可以被选择、移动、缩放和旋转。选中这些边时，这些边会变成粉红色（图3-7）。

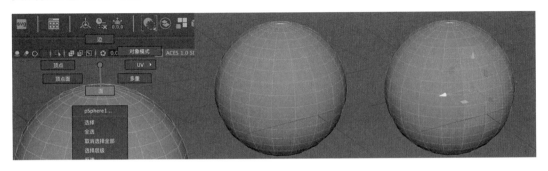

图3-7 编辑面模式

当完成点、边、面的编辑后，可以把鼠标移动到对象模式上，这样模型就会从编辑形状的状态回到物体模式。这时可以选择整个模型进行移动、缩放和旋转等操作（图3-8）。

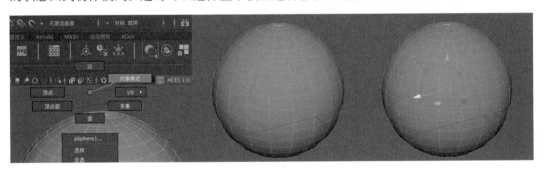

图3-8 回到对象模式

五、多边形模型四元素的编辑原则

多边形建模的核心就是通过编辑模型的点、边、面、体来创造复杂的模型表面造型。编辑点、边、面、体时需要遵循一定的原则：编辑模型细节时，根据需要进入编辑点、边、面的模式，分别对模型的点、边、面进行编辑。完成模型的细节编辑后，需要回到对象模式，也就是回到模型体的模式，再去进行其他的移动、旋转或缩放等命令。

在应用Maya建模的过程中，会使用大量类型不同的命令和命令组合。本书将会在实战案例中继续讲解使用过程中所遇到的知识点命令。在实践中学习和使用新命令，能够加深学习者对学习内容的理解和记忆。

第二节 卡通武器建模

本节将讲解如何使用多边形建模相关知识完成卡通武器建模（图3-9）。这个案例将帮助学习者理解多边形建模的流程，掌握多边形建模的一些基础技巧。

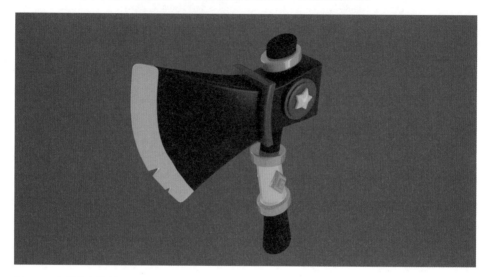

图3-9 卡通斧头模型

本次卡通武器建模将制作一个卡通斧头。斧头模型由斧头、斧柄以及一些装饰性元素等构成。本案例将分为多个步骤以及以制作中所涉及知识点分别讲解这个卡通道具模型的制作过程。

一、制作斧头模型

当开始建模时，首先要分析这个模型可以从什么基础造型开始制作。斧头虽然是不规则的异形，但可以用一个立方体作为基础模型，然后逐步改变其造型。所以，制作这个卡通斧头模型将以创建一个立方体作为建模的开始。

在视图中间创建一个多边形立方体（图3-10）。

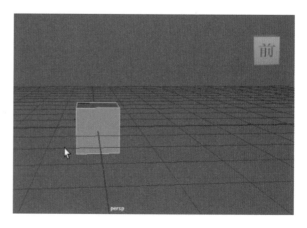

图3-10 创建多边形立方体

有了一个立方体作为基础后，对其进行形状编辑，让它慢慢接近需要的造型。首先，用选择工具（Q）单击选中立方体，然后使用缩放工具（R）调整这个多边形立方体的长、宽、高，使其变为以下造型（图3-11）。

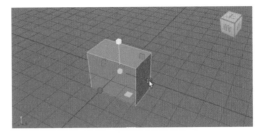

图3-11　调整模型比例

用选择工具选择这个多边形立方体，进入编辑面的模式，选择其中一个侧面（图3-12），点击菜单栏中"编辑网格"命令模块中的"挤出"工具（图3-13），用移动工具单方向移动调整为以下造型（图3-14）。

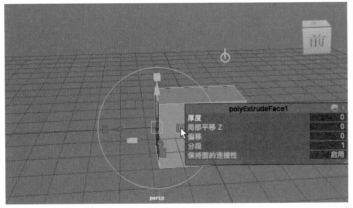

图3-12　选择模型侧面

图3-13　选择挤出工具

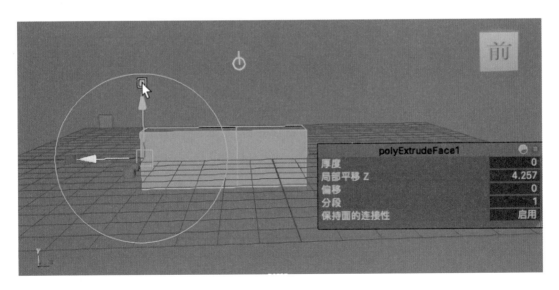

图3-14　调整挤出造型

在这个编辑面的模式下，调整面的造型。首先，选中这个刚刚挤出的面，用缩放工具

（R）在y轴向单方向缩放，使其得到以下造型（图3-15）。

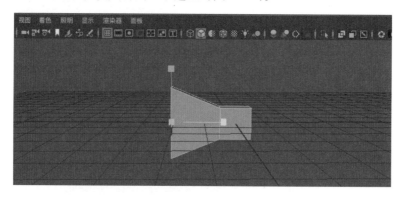

图3-15　缩放调整挤出造型

继续调整这个面的造型。还是选中这个面，继续选择缩放工具（R）在x轴单方向缩放，使这个面变为以下造型（图3-16）。

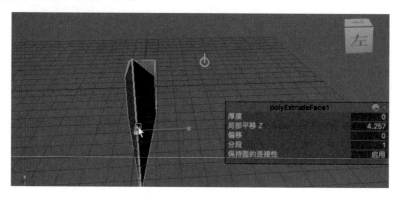

图3-16　缩放调整造型

接下来，给这个模型增加一些线段，以有更多调整的选择。首先，选中这个模型，点击菜单栏中"网格工具"下的"插入循环边"工具右边的方框（图3-17）。

这时候界面上会弹出一个工具设置的面板，在这个工具设置的面板里，可以对添加的循环边的参数进行一些设置。在"工具设置"的设置面板中点击"多个循环边""使用相等倍增"，"循环边数"设置为2（图3-18）。

设置好参数后，关闭"工具设置"面板，回到主视图中，分别点击多边形立方体上边框的左右两边，使其两边增加循环边，得到以下造型（图3-19）。

图3-17　插入循环边工具

图3-18　调整添加的循环边数1

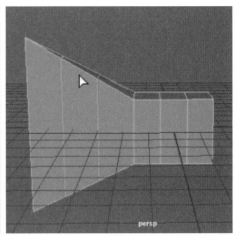

图3-19　添加循环边1

　　再度进行循环边参数的设置。继续点击菜单栏中"网格工具"下"插入循环边"工具右边的参数方框，弹出"工具设置"面板。在面板参数中，将"循环边数"设置为1（图3-20）。

　　设置好后，关闭"工具设置"面板。转动视图角度，点击多边形立方体侧面上边，添加一条循环边，得到以下造型（图3-21）。

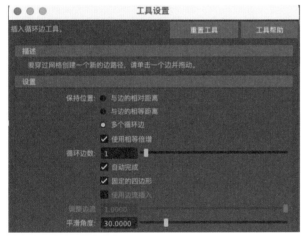

图3-20　调整添加的循环边数2

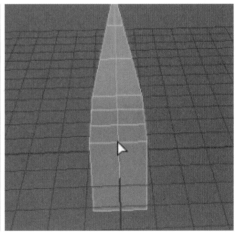

图3-21　添加循环边2

　　再次进行循环边参数的设置。继续点击菜单栏中"网格工具"下"插入循环边"工具右边的参数方框，弹出"工具设置"面板，将"循环边数"设置为5（图3-22）。

　　设置好后，关闭"工具设置"面板。转动视图角度，能够看到模型的横侧面后，点击模型中间任意一条竖向的边，添加5条横向循环边，得到以下造型（图3-23）。

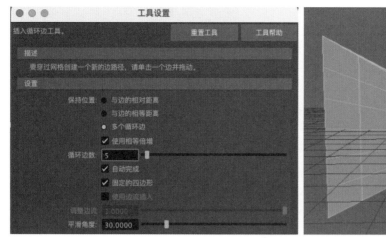

图3-22　调整添加的循环边数3　　　　　　　　　　　图3-23　添加横向的循环边

现在，这个模型上已被添加了若干线段，通过这些线段可以有很多空间去改变这个模型的形状。接下来将逐步地通过对一些顶点的移动，让模型获得需要的造型。选择模型，进入编辑顶点的模式，在前视图中将左侧边顶点用移动工具（W）在z轴单向移动，调整其造型为接近弧形的造型（图3-24）。

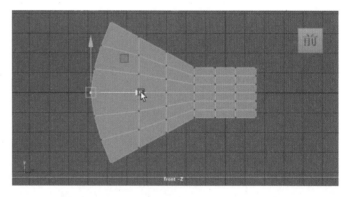

图3-24　编辑点调整模型1

在编辑顶点的模式下，在前视图中选中从左往右第三竖排的全部顶点，点击缩放工具（R），在y轴上进行单方向缩放调整，上下略微收缩其形状至以下造型（图3-25）。

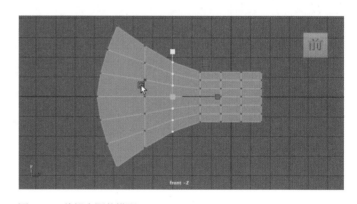

图3-25　编辑点调整模型2

在前视图中选中从左往右第一、第二、第三竖排的全部顶点，用移动工具（W）在y轴单向移动，调整至以下造型（图3-26）。

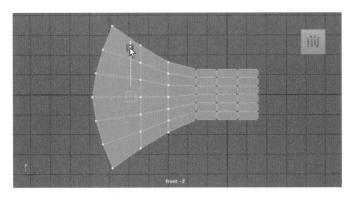

图3-26　编辑点调整模型3

　　在前视图中选中从左往右第三竖排的全部顶点，单击移动工具（W），使其在y轴单向移动，调整至以下造型（图3-27）。

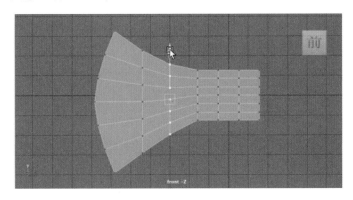

图3-27　编辑点调整模型4

　　在前视图中选中左侧边第一竖排的全部顶点，单击旋转工具（E），使其在x轴上单向旋转，调整模型至以下造型（图3-28）。

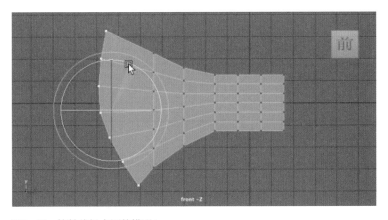

图3-28　旋转编辑点调整模型1

在前视图中选中左边第二竖排的全部顶点，单击选择旋转工具（E）将这些顶点在x轴略微单向旋转，调整至以下造型（图3-29）。

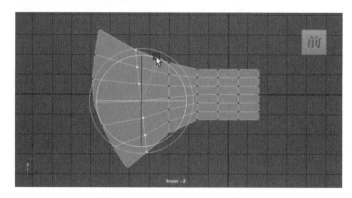

图3-29　旋转编辑点调整模型2

在前视图中将左边第二竖排顶点逐个用移动工具（W）在z轴单向移动，调整至以下造型（图3-30）。

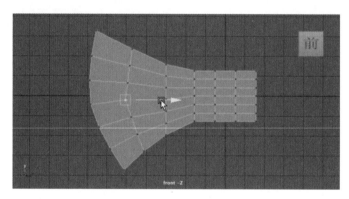

图3-30　编辑点调整模型5

在前视图中将左边第三竖排顶点逐个用移动工具（W）在z轴单向移动，调整至以下造型（图3-31）。

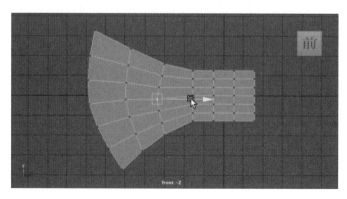

图3-31　编辑点调整模型6

在前视图中选中第五竖排的全部顶点，单击缩放工具（R）在 y 轴单方向缩放，使其上下收缩至以下造型（图3-32）。

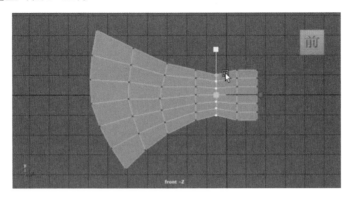

图3-32　单方向缩放编辑点调整模型1

在前视图中选中第五竖排的全部顶点，单击移动工具（W）在 y 轴向下方单向移动，使其变为以下造型（图3-33）。

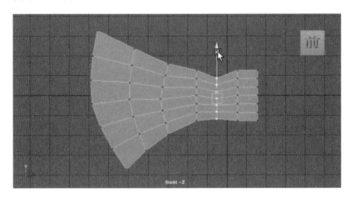

图3-33　编辑点调整模型7

在前视图中选中第六竖排的全部顶点，单击缩放工具（R）在 y 轴单方向缩放，使其上下略微收缩至以下造型（图3-34）。

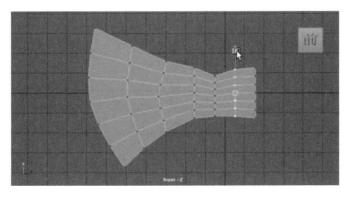

图3-34　单方向缩放编辑点调整模型2

在前视图中选中第四竖排的全部顶点，单击移动工具（W）在y轴向下方单向移动，使其变为以下造型（图3-35）。

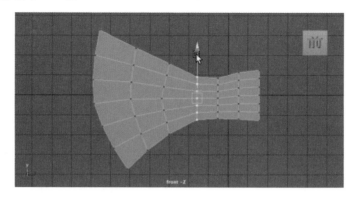

图3-35　编辑点调整模型8

在前视图中将左边第四竖排顶点逐个用移动工具（W）在z轴单向移动，使其变为弧形造型（图3-36）。

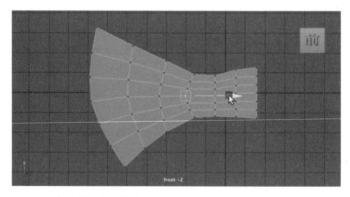

图3-36　逐个编辑点调整模型

在前视图中将第六竖排顶点用缩放工具（R）在y轴单方向缩放，使其上下略微张开，调整至以下造型（图3-37）。

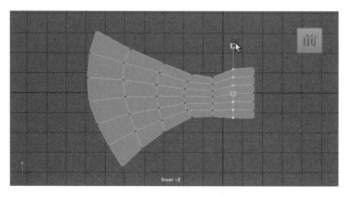

图3-37　单方向缩放编辑点调整模型3

接下来继续制作模型的一些细节部分。越多的细节意味着要添加越多的循环边去制造一些可调整的点、线和面。

点击菜单栏中"网格工具"下的"插入循环边"工具右边的方框，弹出"工具设置"面板。在"工具设置"中，将"循环边数"设置为1（图3-38）。

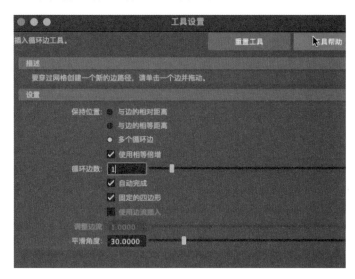

图3-38 插入循环边工具调整插入数字

进入前视图中，在模型左侧第一条竖边和第二条竖边之间，添加一条循环边至以下状态（图3-39）。这条循环边就是为接下来做模型开口细节部位所做的定位。

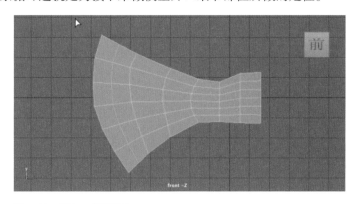

图3-39 插入一条循环边

接下来，制作斧头磨损的缺口部位的造型。这里将使用新的工具命令来制作一个缺口造型。选择菜单栏中"网格工具"下的"多切割"工具，对模型左侧进行切割，制作出斧子的磨损造型（图3-40~图3-46）。注意，此处如果切割时出现失误，没有切成需要的造型，可以点击键盘上的快捷键（Z）返回上一步。

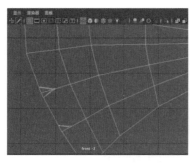
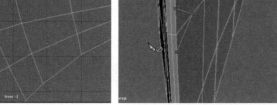

图3-40　制作斧子磨损造型　步骤一　图3-41　制作斧子磨损造型　步骤二　图3-42　制作斧子磨损造型　步骤三

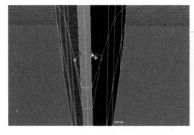

图3-43　制作斧子磨损造型　步骤四　图3-44　制作斧子磨损造型　步骤五　图3-45　制作斧子磨损造型　步骤六

图3-46　制作斧子磨损造型　步骤七

当切割出磨损的造型后，要将这个磨损造型部分的面给去掉。用选择工具点击选中斧子模型，进入编辑面模式，选择多切割出来的面（图3-47），单击键盘上的删除键（delete）进行删除。删除面后可以看到被删除的地方出现了空缺，能看到模型内部的面（图3-48）。

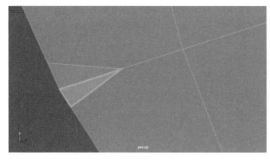
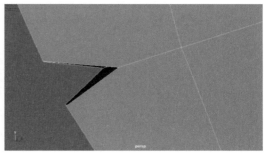

图3-47　选择多切割出来的面　　　　　　　图3-48　删除多切割出来的面

点击模型，进入编辑边模式，选择多切割中的对应的相对边（图3-49），点击编辑网格中的桥接工具，对模型中的面进行补充（图3-50～图3-53）。

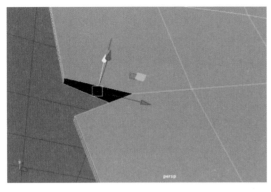

图3-49 选择多切割中对应的相对边

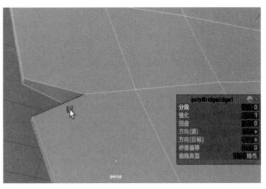

图3-50 桥接工具补充模型面 步骤一

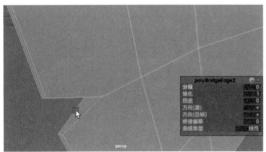

图3-51 桥接工具补充模型面 步骤二

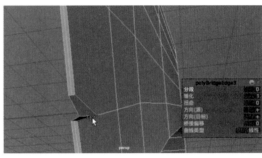

图3-52 桥接工具补充模型面 步骤三

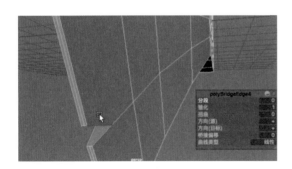

图3-53 桥接工具补充模型面 步骤四

现在已制作了斧子磨损缺口的造型，但还比较粗糙，需要对其继续进行打磨，所以可以继续给模型添加一些边，来达到更多编辑模型细节的目的。继续使用多切割工具，沿模型左侧磨痕边缘增加一圈多切割边，这一步操作是为了确保模型在后期进行圆滑显示时磨痕不会过于圆滑（图3-54~图3-60）。

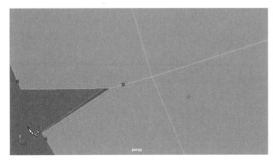

图3-54 编辑模型细节 步骤一

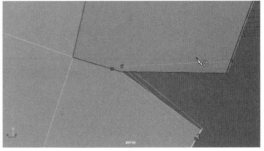

图3-55 编辑模型细节 步骤二

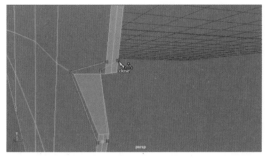

图3-56 编辑模型细节 步骤三

图3-57 编辑模型细节 步骤四

图3-58 编辑模型细节 步骤五

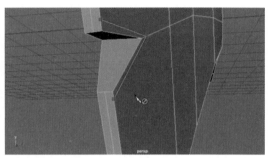

图3-59 编辑模型细节 步骤六

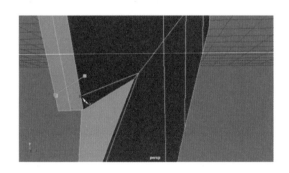

图3-60 编辑模型细节 步骤七

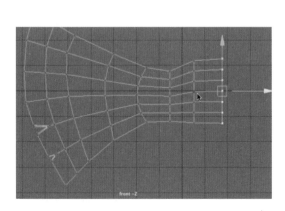

图3-61 用移动工具拉长所选择的点

制作完磨损缺口造型后，回到前视图，继续调整模型的结构造型。用选择工具单击选中模型，进入编辑顶点的模式，在前视图中将最右侧竖排的全部顶点用移动工具（W）在z轴单向移动，使其略微拉长，调整至以下状态（图3-61）。

目前位置，斧子的造型已基本完成，但为了使其圆滑显示的时候不至于过于变形，还需要在模型周围添加一些循环边，来固定其造型。

点击菜单栏中"网格工具"下的"插入循环边"工具右边的方框，进入"工具设置"面板。在"工具设置"中，选择"与边的相对距离"（图3-62）。

图3-62　选择"与边的相对距离"

　　关闭面板，单击选择模型，点击"插入循环边"工具，在斧子模型的右边、上面和下面执行插入循环边命令，确保模型在圆滑显示时不会过于圆滑（图3-63、图3-64）。

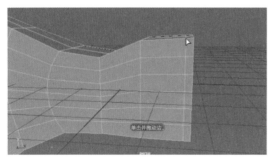

图3-63　模型右边插入循环边

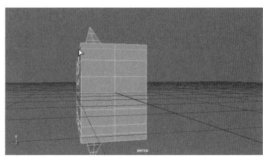

图3-64　模型上、下部分插入循环边

二、制作斧柄模型

　　与斧头的模型制作方式一样，斧柄部分模型也可以从一个造型接近的多边形基本体开始制作，逐步给多边形基本体添加边线和调整其形状。

　　点击工具架中多边形建模菜单下的"新建圆柱体"（或点击菜单栏中创建目录下多边形基本体中的圆柱体），在视图中央新建一个多边形圆柱体（图3-65）。这时可以看到圆柱体和斧头模型会有一个位置上的重叠，但这并不影响接下来调整圆柱体的造型。

这个圆柱体就是用来制作斧柄的基本形状，但它现在与斧柄的造型还差距很远，现在开始对其进行造型上的编辑修改。首先，用选择工具选中这个多边形圆柱体，然后用缩放工具（R）在 y 轴单方向拉长，使其上下拉长，成为斧柄的造型（图3-66）。

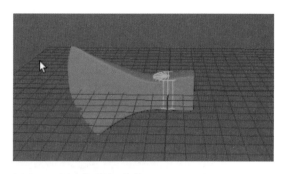

图3-65　新建多边形圆柱体

接下来继续调整圆柱体模型。点击缩放工具（R）将模型在 x 轴单方向拉长，使其横截面看起来为椭圆造型（图3-67），再用缩放工具对圆柱体进行整体缩放，使其斧柄的大小符合斧头模型的整体比例（图3-68）。

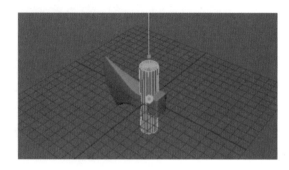

图3-66　缩放工具修改模型

现在可以看到，斧头的位置位于斧柄圆柱体接近中间的位置。现在将对斧柄的位置进行调整，使其下半部分可以用手拿的部分更多。选中斧柄圆柱体模型，使用移动工具（W）在 y 轴单方向向下移动，调整多边形圆柱体位置如图3-69所示。

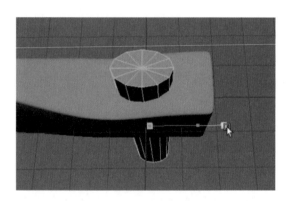

图3-67　缩放工具修改模型横截面为椭圆形

目前，这个斧柄的圆柱体模型初始设置有20条竖向的结构边线。由于后期对其进行编辑不需要这么多边线，所以需要把它的边线数量减少一些。选择这个斧柄多边形圆柱体，在右边

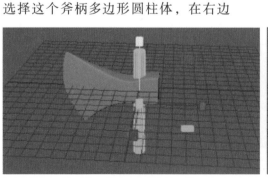

图3-68　缩放工具修改模型比例

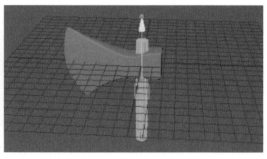

图3-69　移动模型位置

通道盒下找到输入（polyCylinder1），单击这个名字，可以看到这个圆柱体的一些初始设置。将"轴向细分数"改为12，"高度细分数"改为7，"端面细分数"改为2（图3-70）。

调整斧柄顶端的造型。先选择这个多边形圆柱体，进入编辑顶点模式，在前视图中进行模型调整。首先，选中第一排所有顶点，用旋转工具（E）将选中的这些顶点在z轴单向旋转，调整至倾斜一定角度（图3-71）。

逐步调整圆柱体下面每一阶段的造型。继续留在编辑顶点模式，分别选择多边形圆柱体每一排的顶点，用缩放工具（R）进行整体缩放，根据模型的粗细变化进行大小不同的缩放；用移动工具（W）在x轴单向移动，调整模型弯折造型；用旋转工具（E）根据模型弯折方向，在z轴进行旋转调整（图3-72、图3-73）。

调整斧柄的顶端造型。选中这个多边形圆柱体，进入编辑边模式，双击顶面内层其中一个边线可以选中整个循环边，然后用移动工具（W）向上方向进

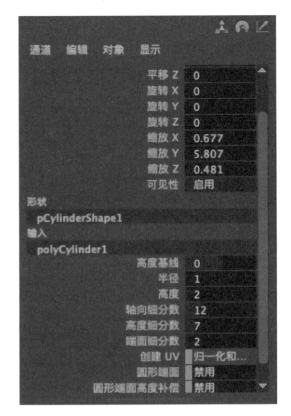

图3-70　修改模型细分数

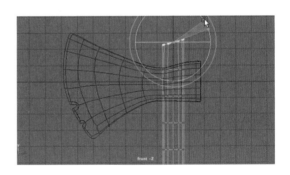

图3-71　旋转工具修改模型

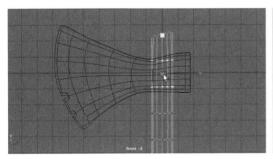

图3-72　旋转工具修改横截面模型　步骤一

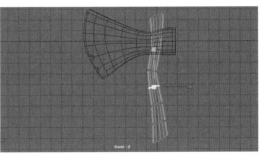

图3-73　旋转工具修改横截面模型　步骤二

行移动，调整模型细节造型（图3-74）。调整完后用同样的方法制作斧柄底部的内层循环边的位置（图3-75）。

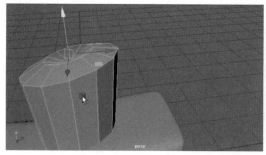
图3-74 调整模型顶端结构1

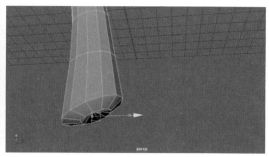
图3-75 调整模型底部结构1

调整顶端和底部的造型。选中这个多边形圆柱体，进入编辑顶点模式，用移动工具（W）使模型顶端中心的顶点移动，调整模型细节造型（图3-76），然后用同样的方式调整底端中心点的位置（图3-77）。

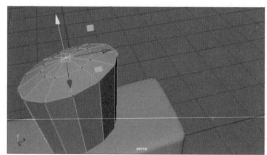
图3-76 调整模型顶端结构2

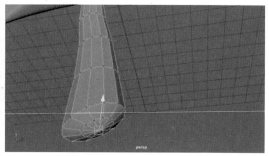
图3-77 调整模型底部结构2

选择这个多边形圆柱体，在菜单栏中网格工具目录下点击插入循环边工具，在斧头柄的上下两端点击模型竖方向边线执行"插入循环边"命令，插入两条横向循环边，确保模型在圆滑显示时两端不会过于圆滑（图3-78、图3-79）。

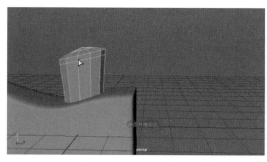
图3-78 顶端插入循环边

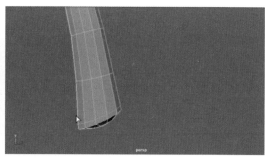
图3-79 底部插入循环边

为斧柄添加一些细节。将创建更多的多边形基本体来进行新造型的创建。

继续点击工具架中多边形建模菜单下的"新建圆柱体"（或点击菜单栏中创建目录下多边形基本体中的圆柱体），在视图中央新建一个多边形圆柱体（图3-80）。

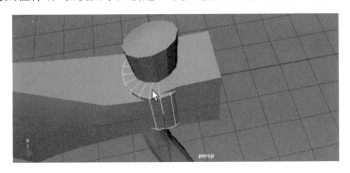

图3-80　新建一个圆柱体

选中这个刚创建好的圆柱体，使用移动工具（W）将其在 y 轴单向移动，调整这个多边形圆柱体至斧柄模型上半部分的位置（图3-81）。

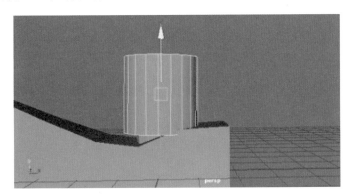

图3-81　将模型向上移动

调整细节造型。用缩放工具（R）将这个圆柱体在 y 轴单向缩放，调整至一个较扁的造型（图3-82）。

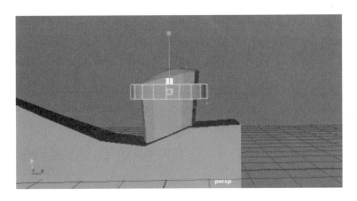

图3-82　缩放工具调整模型

调整它的方向，使其符合斧柄顶端的倾斜角度。选中这个圆柱体，用旋转工具（E）将其在 z 轴单向旋转，调整其倾斜角度（图3-83）。

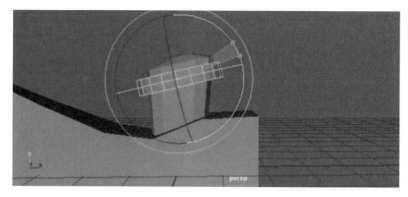

图3-83　旋转工具调整模型

调整这个圆柱体的位置。使用移动工具（W）将其在 y 轴单向移动，调整至较接近斧头的位置（图3-84）。

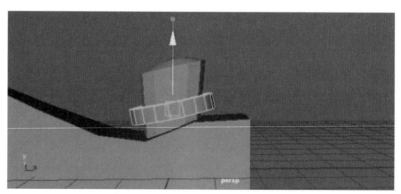

图3-84　调整模型位置

为了让这个装饰圆柱体的造型匹配刚刚制作的斧柄造型，也要调整它周围的线段数量。选中多边形圆柱体，点击通道盒的输入（polyCylinder2），在它的初始参数面板中设置"轴向细分数"为12（图3-85）。

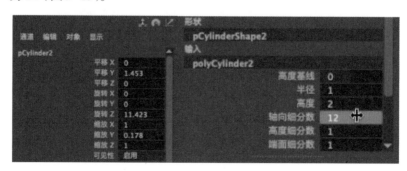

图3-85　设置细分数

　　用缩放工具（R）将其在z轴单向缩放，调整其造型，使其更接近斧柄的造型（图3-86、图3-87）。

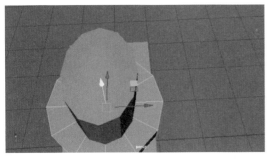 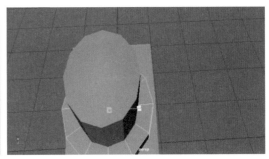

图3-86　调整圆柱体造型　步骤一　　　　　　　图3-87　调整圆柱体造型　步骤二

　　选择这个多边形圆柱体，点击菜单栏中"网格工具"下的"插入循环边"工具，在多边形圆柱体上下两端点击模型边框执行"插入循环边"命令，以确保模型在圆滑显示时不会过于圆滑（图3-88）。

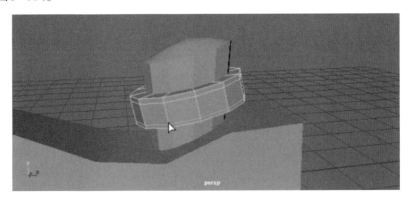

图3-88　给模型上下端插入循环边

　　继续新建一个多边形圆柱体（图3-89）。

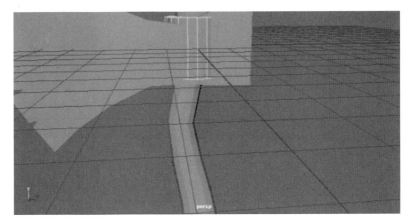

图3-89　新建圆柱体模型

使用移动工具（W）在y轴和x轴进行移动，调整多边形圆柱体位置至斧柄下半段中间部分（图3-90）。

图3-90　移动模型位置

用缩放工具（R）将其在y轴单向缩放，使其造型上下拉长，调整至以下状态（图3-91）。

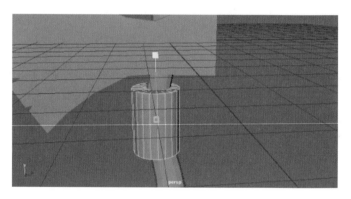

图3-91　缩放调整模型

略微调整这个圆柱体的位置。选中模型，使用移动工具（W）使其在y轴和x轴进行移动，调整至以下位置（图3-92）。

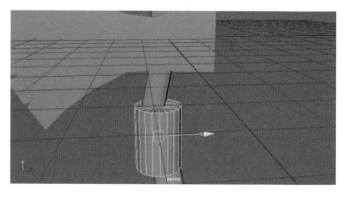

图3-92　调整模型位置

与之前斧柄顶端的装饰圆柱体一样，为了让下面这个装饰圆柱体造型匹配刚刚制作好的斧柄造型，也要调整它周围的线段数量。选中这个多边形圆柱体，点击通道盒的输入（polyCylinder3），设置"轴向细分数"为12（图3-93）。

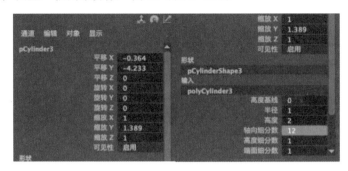

图3-93　改变模型细分数

调整其角度，用旋转工具（E）将其在 z 轴单向旋转，调整其倾斜角度至以下状态（图3-94）。

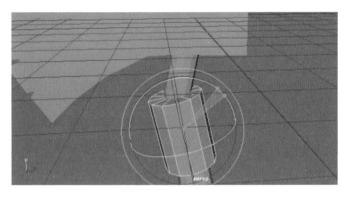

图3-94　旋转调整模型

继续调整。选中圆柱体模型，使用移动工具（W）将其在 y 轴单向移动，调整至以下位置（图3-95）。

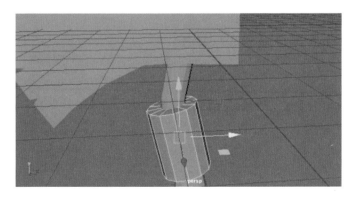

图3-95　调整模型位置

使用缩放工具（R）将这个圆柱体在z轴单向缩放，调整其造型为椭圆状态，使其更接近斧柄把手的造型（图3-96）。

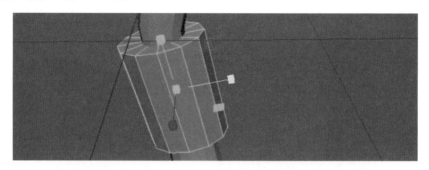

图3-96　调整模型方向

使用缩放工具（R）将其在y轴单向缩放，调整其造型比例如下（图3-97）。

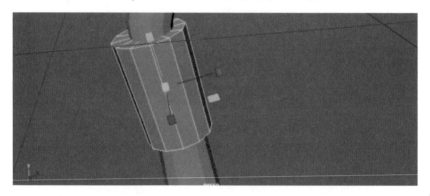

图3-97　调整模型造型比例

同样，为了使这个装饰造型符合斧柄的结构，也需要调整它的线段数。先选择多边形圆柱体，在右边通道盒下输入处点击这个圆柱体的名字（polyCylinder3），在参数面板中设置其"高度细分数"为4（图3-98）。

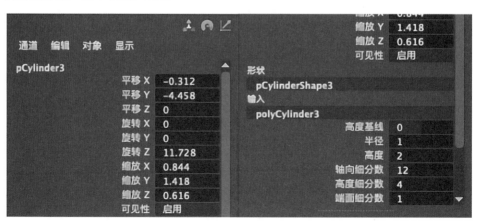

图3-98　调整模型高度细分数

调整其局部造型。选择多边形圆柱体，进入编辑顶点模式，选中第一排顶点，用旋转工具（E）在z轴单向旋转，改变其横截面倾斜角度（图3-99）。

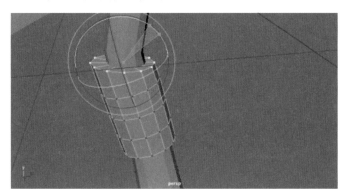

图3-99　修改横截面倾斜角度

在编辑顶点模式下，使用移动工具（W）将第一排顶点在y轴单向移动，使其中心点更接近斧柄造型的圆柱的中心（图3-100）。

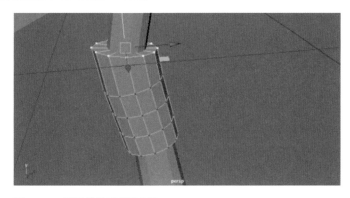

图3-100　调整横截面顶端位置

编辑完造型上面横截面的位置，接下来调整下部分横截面的位置。在编辑顶点模式下，选中最后一排顶点，使用移动工具（W）将其在y轴单向移动（图3-101）。

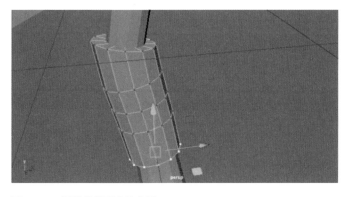

图3-101　调整横截面底部位置

选中第四排顶点，使用移动工具（W）将其在y轴单向移动（图3-102）。

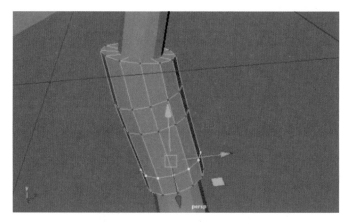

图3-102　调整中间部分位置1

选中第三排顶点，使用移动工具（W）将其在y轴单向移动（图3-103）。

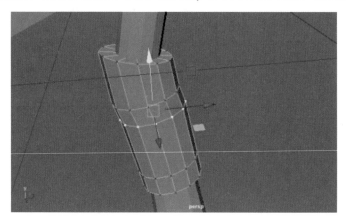

图3-103　调整中间部分位置2

选中第二排顶点，使用旋转工具（E）将其在z轴单向旋转（图3-104）。

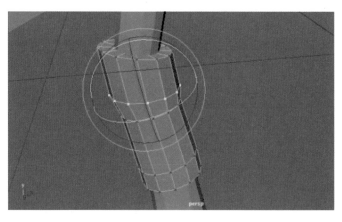

图3-104　调整中间部分位置3

Maya 动画建模案例教程

使用移动工具（W）将第二排顶点在y轴单向移动（图3-105）。

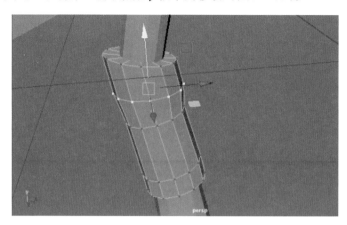

图3-105　调整中间部分位置4

使用缩放工具（R）将第二排顶点整体缩放（图3-106）。

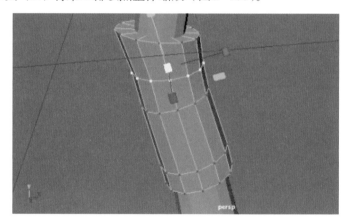

图3-106　调整中间部分位置5

继续编辑模型。在编辑顶点模式下，选中第一排顶点，使用缩放工具（R）将其整体缩放（图3-107）。

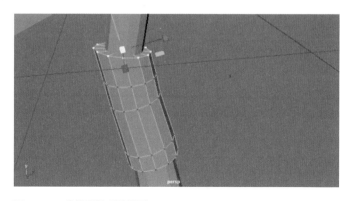

图3-107　缩放调整顶端模型

使用移动工具（W）将第一排顶点在y轴单向移动，制造一点儿弯曲效果（图3-108）。

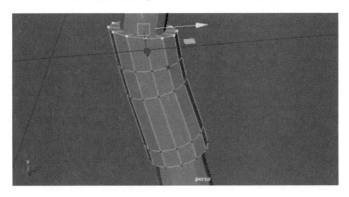

图3-108　移动调整顶端模型

选中最后一排顶点，使用缩放工具（R）将其整体缩放，调整至以下造型（图3-109）。

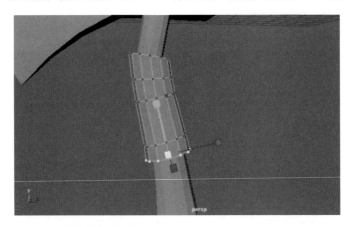

图3-109　缩放调整底部造型

大致编辑好这个部件的造型后，调整它的比例和位置。选择这个多边形圆柱体，回到编辑对象模式，使用缩放工具（R）将多边形圆柱体整体放大至跟斧柄相衬的比例，再使用移动工具（W）将多边形圆柱体在y轴单向移动至斧柄合适的位置（图3-110）。

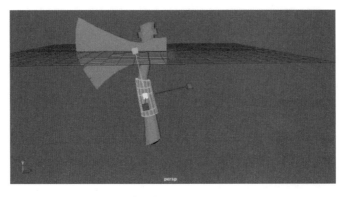

图3-110　调整模型整体比例与位置

观察后继续调整细节。选择这个多边形圆柱体，进入编辑边模式，选择第三排边，使用移动工具（W）将其在 y 轴单向移动，使这个多边形圆柱体边分布得更加均匀，调整至以下造型（图3-111）。

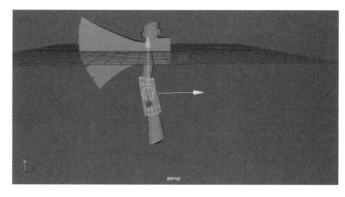

图3-111 调整模型布线分布

现在完成了这个部件的大体造型，接下来给其增加一些细节部分。选中这个多边形圆柱体，进入编辑面模式，分别选择上下部分的环形面（图3-112），点击"编辑网格"中的"挤出"工具，挤出后调整"厚度"参数（图3-113），使其变为图3-114的造型。

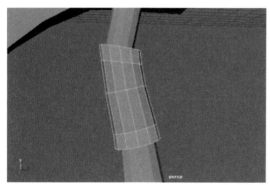

图3-112 选择上下部分的环形面

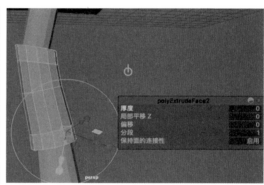

图3-113 挤出工具调整参数

继续选择这个多边形圆柱体，进入编辑边模式，分别选中上端的两条环形边，使用旋转工具（E）将其在 z 轴单向旋转，使其符合这个多边形圆柱体的倾斜角度（图3-115）。

继续选择这个多边形圆柱体，点击菜单栏里"网格工具"下的"插入循环边"工具，在多边形圆柱体转折结构处点击模型

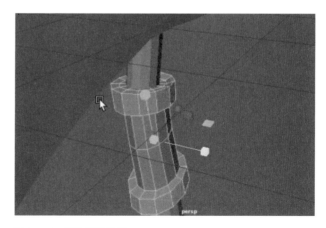

图3-114 调整挤出造型

竖向边线执行"插入循环边"命令，添加若干横向循环边，以确保模型在圆滑显示时不会过于圆滑（图3-116~图3-118）。

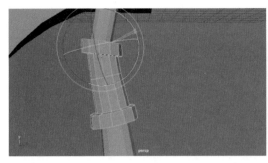

图3-115　调整挤出部分模型的角度

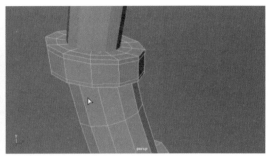

图3-116　插入循环边调整细节　步骤一

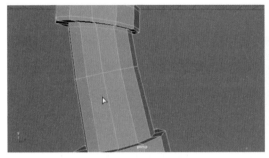

图3-117　插入循环边调整细节　步骤二

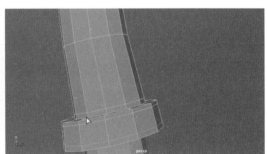

图3-118　插入循环边调整细节　步骤三

接下来继续制作一个新的部件模型。

新建一个多边形圆柱体，由于目前主要模型占据了视图中心部分，为了便于观察，在新建一个圆柱体后，进入前视图的线框模式（图3-119）。

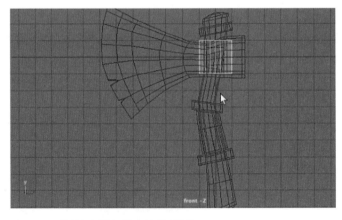

图3-119　从前视图线框模式创建圆柱体

改变这个圆柱体的方向。选中这个圆柱体，用旋转工具（E）将其在 x 轴单向旋转90°（在右边通道栏里可以输入数字进行精确旋转），调整这个多边形圆柱体至以下角度（图3-120）。

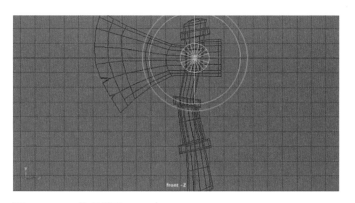

图3-120　90°旋转模型

　　调整这个多边形圆柱体的位置。选中它，使用移动工具（W）将其在*y*轴和*x*轴移动，调整多边形圆柱体位置为以下状态（图3-121）。

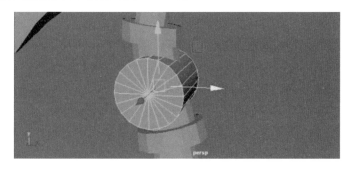

图3-121　移动调整模型位置

　　调整这个圆柱体的比例。选中它，用缩放工具（R）将其整体缩放，调整这个多边形圆柱体至适合斧柄的比例（图3-122）。

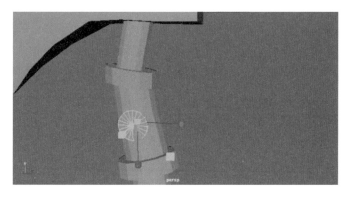

图3-122　缩放调整模型

　　继续调整其位置。使用移动工具（W）将其在*y*轴单向移动，将多边形圆柱体位置略微向上移动至以下状态（图3-123）。

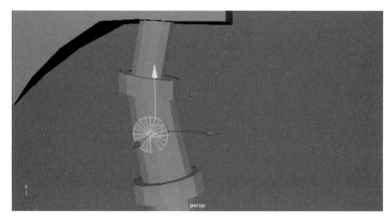

图3-123　继续移动调整模型位置

继续调整这个圆柱体的造型。选择多边形圆柱体，在通道盒的输入中点击这个模型的名字（polyCylinder4），在参数面板中将"轴向细分数"设置为4（图3-124）。

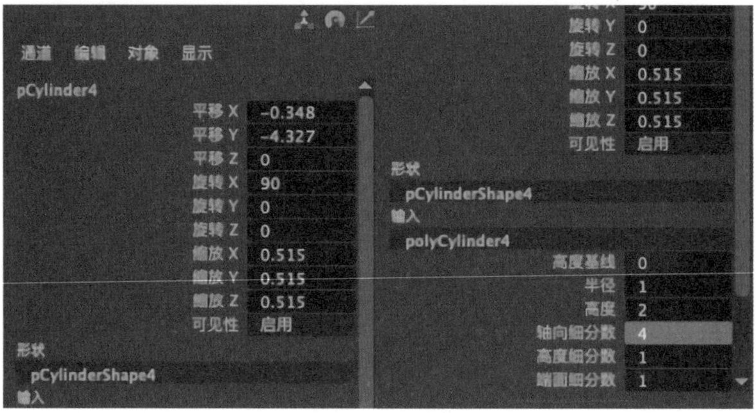

图3-124　调整模型轴向细分数

使用旋转工具（E）将其在z轴单向旋转，调整为以下角度（图3-125）。

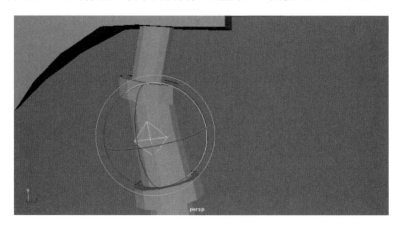

图3-125　旋转调整模型角度

继续调整其造型。用缩放工具（R）将其分别在 y 轴和 z 轴进行缩放，调整为以下造型（图3–126）。

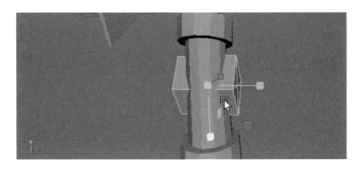

图3–126　继续缩放调整模型

选择这个多边形圆柱体，在通道盒的输入（polyCylinder4）中设置端面细分数为3（图3–127）。

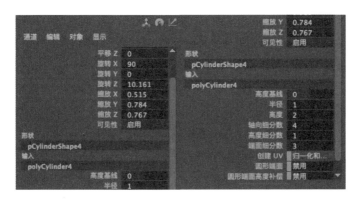

图3–127　修改模型端面细分数

调整端面的结构。选择这个多边形圆柱体，进入编辑边模式，选择模型两边端面外框的循环边线，用缩放工具（R）以物体 y 轴为方向进行单向缩放至以下状态（图3–128）。

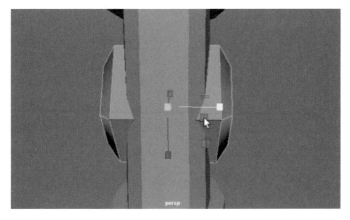

图3–128　调整模型两边外侧循环边位置

编辑模型端面，在编辑边的模式选择模型第二层内边框，用缩放工具（R）以物体轴向 y 轴单向缩放，使两边的端面过度角度达到尽量平和的状态（图3-129）。

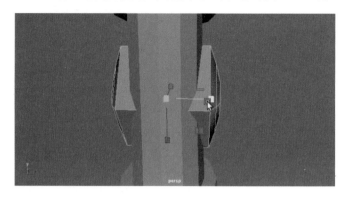

图3-129　调整两侧造型

对模型两边端面进行编辑。选择这个多边形圆柱体，进入编辑顶点模式，选择模型两端最中间顶点，用缩放工具（R）以物体 y 轴单向缩放至以下造型（图3-130）。

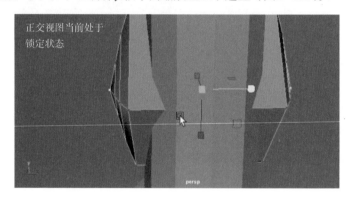

图3-130　调整两侧顶点造型1

编辑模型，在编辑顶点模式选择模型左右两边端面最上、下两端的顶点，用缩放工具（R）在 y 轴单向缩放至以下状态（图3-131）。

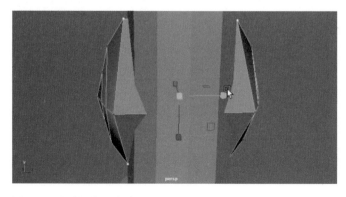

图3-131　调整两侧顶点造型2

进行造型编辑，进入编辑顶点模式，选择模型最左、右两端顶点，用缩放工具（R）在 y 轴单向缩放至以下造型（图3-132）。

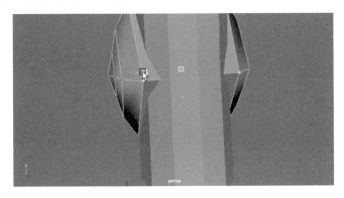

图3-132 调整两侧顶点造型3

制作这个模型两端结构的一些细节部分。选择这个多边形圆柱体，进入编辑面模式，选择模型内两圈的面（图3-133），点击菜单栏中编辑网格下的挤出工具（图3-134）。

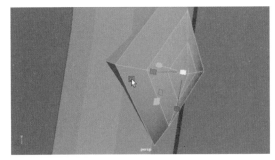 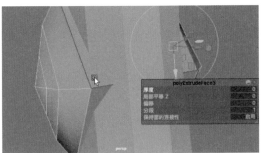

图3-133 选择模型内两圈的面   图3-134 挤出工具调整模型

选择挤出的面，用缩放工具（R）整体缩放，调整为以下造型（图3-135）。

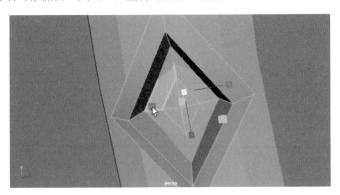

图3-135 缩放工具调整造型

用缩放工具（R）在 y 轴单向缩放，调整以下造型（图3-136）。

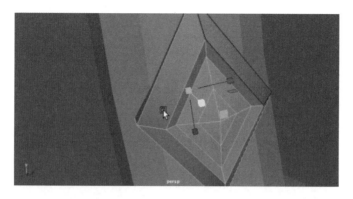

图3-136　继续调整挤出造型

选择这个模型，点击插入循环边工具，在模型一些转折结构的两边点击模型边线进行插入循环边命令，确保模型在圆滑显示时不会过于圆滑（图3-137～图3-139）。

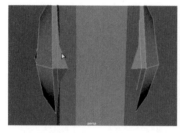 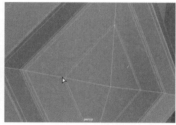 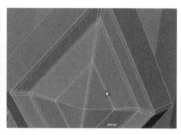

图3-137　插入循环边调整细节　步骤一　图3-138　插入循环边调整细节　步骤二　图3-139　插入循环边调整细节　步骤三

选择这个模型，点击"网格工具"中的"多切割"，点击循环边中的顶点"`"，将循环边中没有连接的部分进行连接（图3-140）。

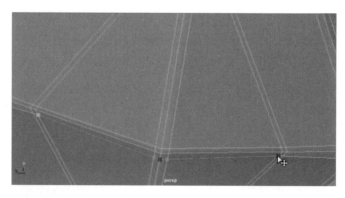

图3-140　连接循环边中的顶点

接下来我们制作斧头的另一个装饰物。

在视图中新建一个多边形立方体（图3-141）。

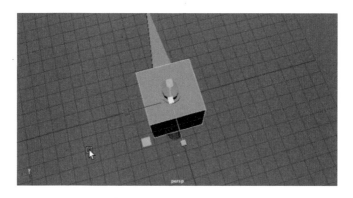

图3-141 创建多边形立方体

用缩放工具（R）调整这个多边形立方体的长、宽、高，使其变为如图3-142所示的造型。

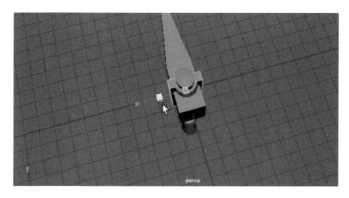

图3-142 缩放调整造型

使用移动工具（W）将其在x轴单向移动，调整这个多边形立方体位置（图3-143）。

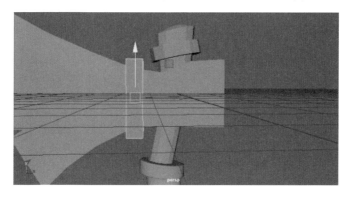

图3-143 调整立方体模型位置

接下来需要给这个立方体增加一些线段数。选中这个多边形立方体，点击通道盒的输入下的立方体名称（polyCube2），在参数面板中设置高度细分数为6（图3-144）。

图3-144　修改细分数

选择多边形立方体，进入编辑顶点模式，分别选中刚刚增加的线段上的每一排顶点，用移动工具（W）在x轴单向移动至以下造型（图3-145）。

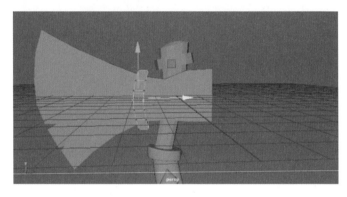

图3-145　编辑顶点位置

点击插入循环边工具，在多边形立方体边缘点击模型边框进行插入循环边命令，确保模型在圆滑显示时不会过于圆滑（图3-146～图3-148）。

图3-146　插入循环边　步骤一

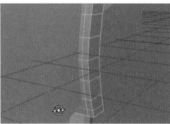

图3-147　插入循环边　步骤二

图3-148　插入循环边　步骤三

接下来继续创建一个斧柄上的细节结构。

视图中新建一个多边形圆柱体（图3-149）。

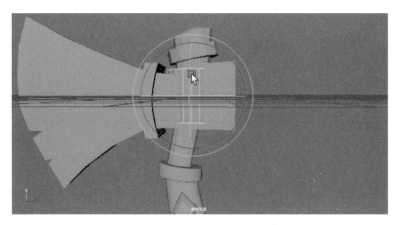

图3-149 新建多边形圆柱体

用旋转工具（E）将其在x轴单向旋转90°，调整这个多边形圆柱体角度（图3-150）。

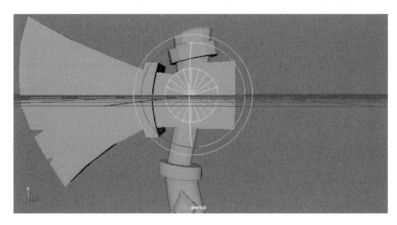

图3-150 调整圆柱体角度

改变这个圆柱体的细分数。选中这个多边形圆柱体，点击通道盒的输入中这个圆柱体的名称（polyCylinder5），在参数面板中设置轴向细分数为12（图3-151、图3-152）。

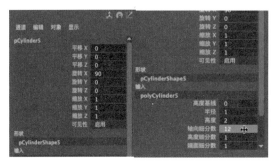

图3-151 修改细分数

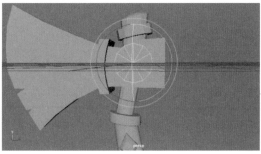

图3-152 修改细分数后的造型

用缩放工具（R）将其在y轴单向缩放，调整这个多边形圆柱体厚度（图3-153）。

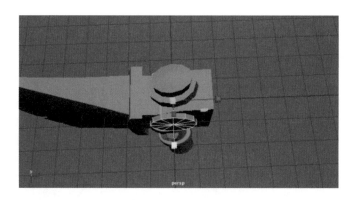

图3-153　调整模型厚度

调整它的位置，使用移动工具（Y）将其在x轴单向移动，调整这个多边形圆柱体位置（图3-154）。

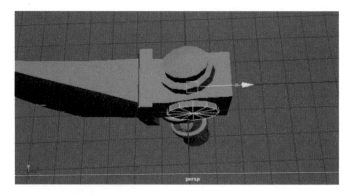

图3-154　调整模型位置

用缩放工具（R）将其进行整体缩放，调整这个多边形圆柱体的比例（图3-155）。

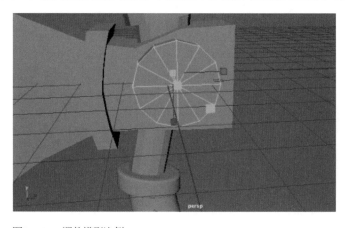

图3-155　调整模型比例

制作这个圆柱体两端的造型。选择这个多边形圆柱体，进入编辑面模式，选择这个多边形圆柱体两端的圆形面（图3-156、图3-157）。

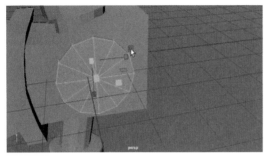

图3-156　进入编辑面模式

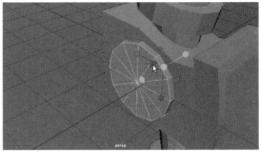

图3-157　选中模型两边的端面

在菜单栏中点击编辑网格下的挤出工具（图3-158），选择缩放工具（R），将挤出的两个面进行整体缩放，将其调整为如图3-159所示的造型。

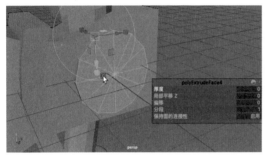

图3-158　选择挤出工具

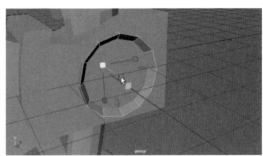

图3-159　用缩放工具向内挤出模型

选择挤出的两个面，用缩放工具（R）在y轴单向缩放，将缩进去的挤出面移出，调整这个多边形圆柱体如图3-160所示。

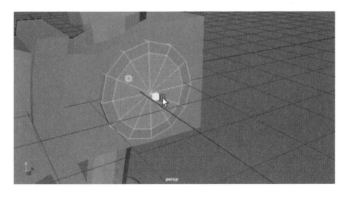

图3-160　继续用缩放工具调整模型

继续选择挤出的两个面，点击挤出工具（图3-161），用缩放工具（R）将其在y轴单向缩放，将其调整为如图3-162所示的造型。

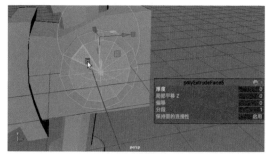
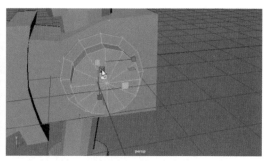

图3-161　使用挤出工具　　　　　　　　　　　　　图3-162　用缩放工具向外挤出造型

用缩放工具（R）进行整体缩放（图3-163）。

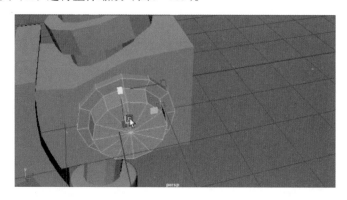

图3-163　缩放工具调整模型1

调整两端这个挤出小造型。选择两端被挤出的两个小圆形面，用缩放工具（R）在y轴单向缩放（图3-164），使其厚度略微减小。

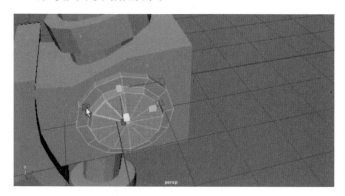

图3-164　缩放工具调整模型2

选择这个多边形圆柱体，点击菜单栏中网格工具下的插入循环边工具，在多边形圆柱体转折结构边缘点击模型边框进行插入循环边命令，确保模型在圆滑显示时不会过于圆滑（图3-165）。

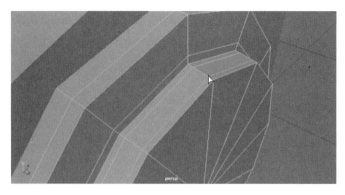

图3-165　给模型插入循环边

接下来开始制作斧头上的五角星造型。制作这种异形的造型之前需要分析哪个多边形基本体最适合用来改造成五角星的造型。五角星拥有较多的边，所以可以选择初始面较多的圆柱体来作为五角星的基本造型。

在视图中心新建一个多边形圆柱体（图3-166）。

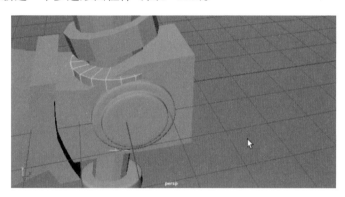

图3-166　新建一个多边形圆柱体

用旋转工具（E）将其在 x 轴单向旋转为90°，调整这个多边形圆柱体角度（图3-167）。

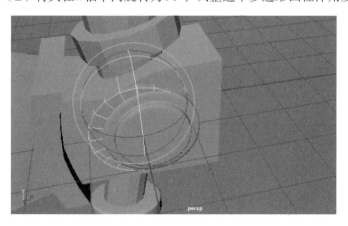

图3-167　圆柱体旋转90°

用缩放工具（R）调整这个多边形圆柱体的长、宽、高，使其变为如图3-168所示的造型。

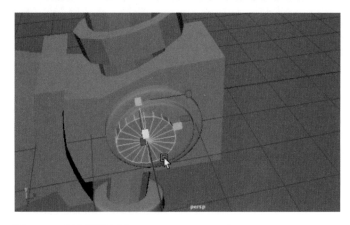

图3-168　调整模型比例

使用移动工具（W），调整这个多边形圆柱体位置（图3-169）。

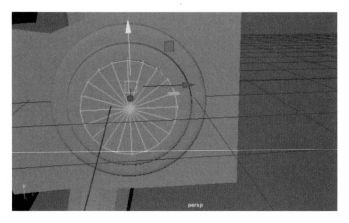

图3-169　调整模型位置

将这个圆柱体的造型通过改变线段数的方式变成更接近五角星的造型。选择这个多边形圆柱体，在通道盒的输入里点击圆柱体的名称（polyCylinder6），在参数面板中设置轴向细分数为10（图3-170）。

图3-170　调整模型细分数

Maya 动画建模案例教程

选择模型，进入编辑顶点模式，进入前视图画面中，选择以下五个顶点（图3-171），注意此时应用鼠标拖拽的方式框选每个顶点，这样做是为了能够同时选中模型对称面相同地方的顶点。

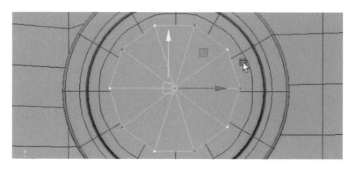

图3-171　选择五个顶点

在编辑顶点模式，将选择好的顶点，用缩放工具（R）整体缩小，将这个多边形圆柱体调整为接近五角星的造型（图3-172）。

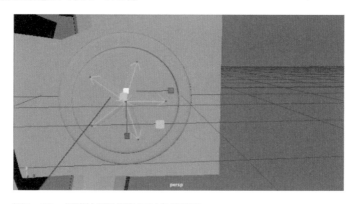

图3-172　用缩放工具调整至五角星造型

将选择好的顶点，用缩放工具（R）在y轴单向缩放，使其位置从其他模型中显露出来（图3-173）。

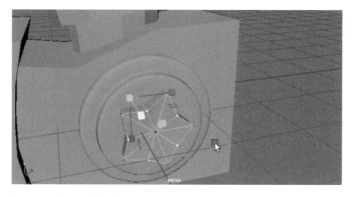

图3-173　调整顶点位置

将选择好的顶点，用缩放工具（R）整体缩小，继续调整这个五角星的造型（图3-174）。

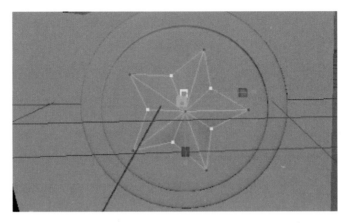

图3-174　调整五角星造型

将选择好的顶点，用缩放工具（R）在 y 轴单向缩放，以保证模型与模型之间的距离（图3-175）。

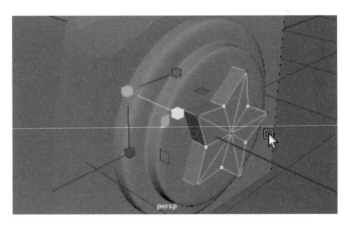

图3-175　调整模型距离

将五角星尖端的顶点，用缩放工具（R）在 y 轴单向缩放（图3-176）。

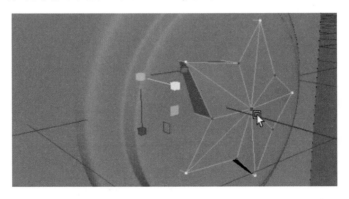

图3-176　调整模型细节位置

选择五角星两侧的中间顶点，用缩放工具（R）将这两个顶点在y轴单向缩放，达到鼓起的状态（图3-177）。

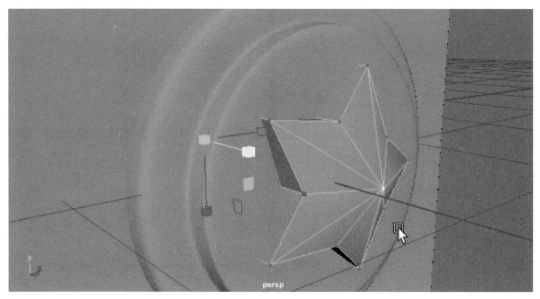

图3-177　调整中间顶点位置

选择这个五角星，进入编辑边的模式，选择所有边，在编辑网格中选择倒角工具（图3-178），调整分数和分段参数，分数设置为0.2，分段设置为2，深度设置为1，达到如图3-179所示的造型，确保模型在圆滑显示时不会过于圆滑（倒角设置数值时，可能会因为个人模型大小不同而有区别，读者可根据图例的造型自行调整倒角数值）。

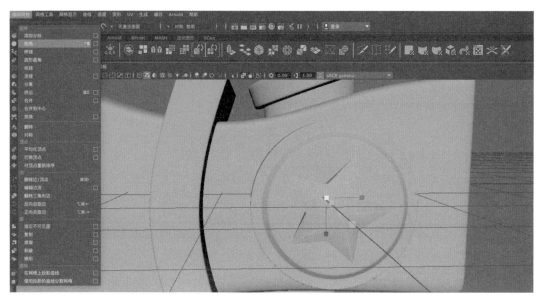

图3-178　选择倒角工具

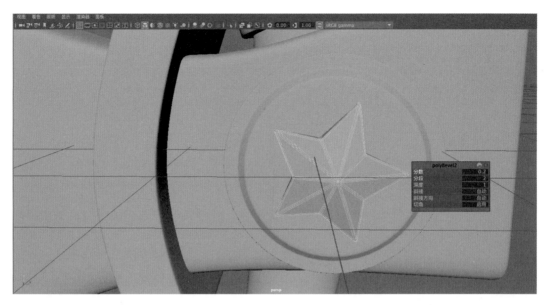

图 3-179 设置倒角参数

目前位置，卡通武器斧头的模型就基本完成，现在需要将这个模型进行圆滑显示设置，让其卡通特点更加明显。

首先选中所有模型，快捷键 "Ctrl+G" 将所有模型进行打组，点击键盘中的数字 "3"（模型圆滑显示），模型将变为圆滑显示状态（图 3-180）。

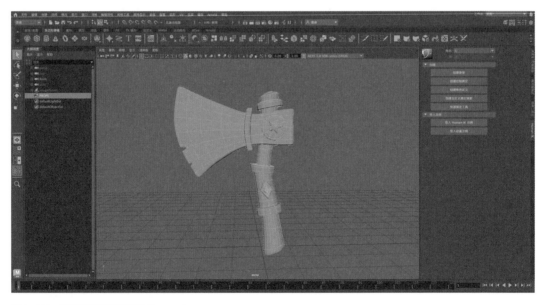

图 3-180 圆滑后模型最终状态

点击文件中的保存场景，命名文件（为避免后期软件渲染出错，文件名通常不使用中文，可以用英文和数字进行命名），文件类型为 Maya 二进制（图 3-181）。

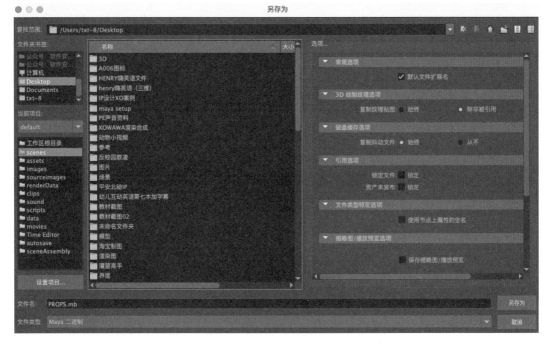

图3-181 储存文件

第四章

动画角色建模案例

本章将讲解如何使用多边形建模相关知识完成动画角色建模（图4-1）。

图4-1 机器人动画角色

第一节 角色形态建模

在视图中间创建一个多边形立方体（图4-2）。

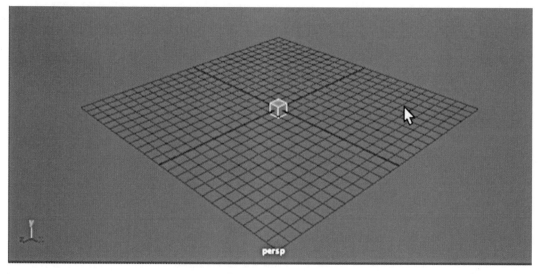

图4-2 创建多边形立方体

选择这个多边形立方体，用缩放工具（R）调整立方体的造型比例（图4-3）。

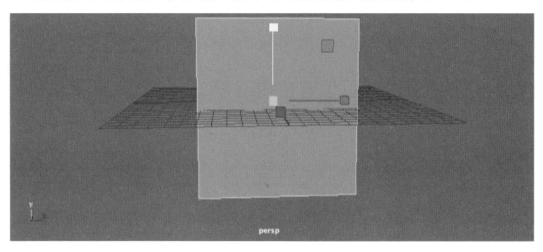

图4-3　调整模型比例

在通道盒的输入（polyCube1）中将细分宽度设置为4，高度细分数设置为4，深度细分数设置为2（图4-4）。

选择这个多边形立方体，进入编辑顶点的模式，在前视图中框选每一排顶点，用缩放工具（R）进行横向放大，调整为上窄下宽的造型（图4-5）。

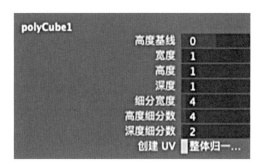

图4-4　设置细分数

图4-5　修改模型造型

继续编辑顶点的模式，在右视图中，同上述操作一致，分别框选每排顶点，用缩放工具（R）进行横向的放大缩小的调整，其中最底端顶点距离最短，用于动画角色腿部的造型塑造（图4-6）。

继续在右视图中，框选模型中间一列顶点，拖动中间方块，进行顶点的整体放大（图4-7）。

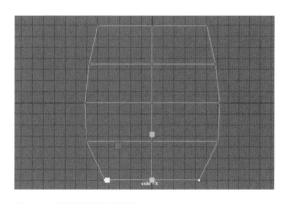

图4-6　继续修改模型造型

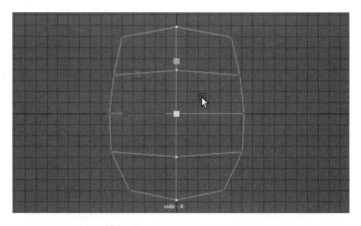

图4-7　上下缩放修改中间顶点造型

在前视图中，框选模型外两圈中四角的顶点，用缩放工具（R）向中间整体缩小，调整角色模型的圆滑角度（图4-8）。

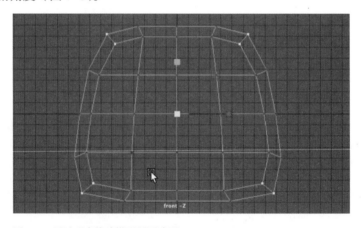

图4-8　通过顶点修改模型周围造型

框选底端的中间两个顶点，用移动工具（W）进行向上移动操作，调整出角色模型的腿部造型（图4-9）。

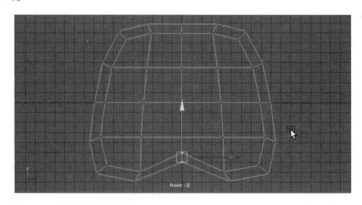

图4-9　向上移动选中的顶点

在前视图中框选模型中间的三排顶点，用缩放工具（R）在顶视图中进行纵向拉长，调整模型前后两面的圆滑度（图4-10）。继续重复上述操作，在前视图中框选中间一列的三个顶点，在顶视图中纵向拉长（图4-11）。

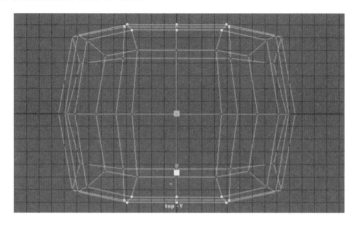

图4-10　缩放工具细微调整模型圆滑度

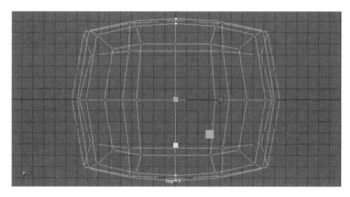

图4-11　上下边拉出一定弧度

框选模型所有顶点，用缩放工具（R）纵向拉长模型，调整模型的长、宽比例（图4-12）。

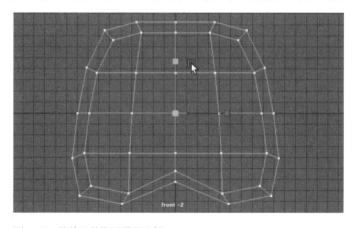

图4-12　缩放工具微调模型比例

继续在前视图中框选上端中间的三排顶点，用移动工具（W）向上移动调整角色模型头部的圆滑度（图4-13）。

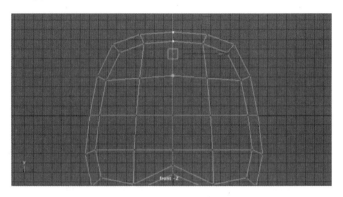

图4-13　调整模型头部圆滑度

选择动画角色主体模型进入编辑面的模式，在前视图中点击选择模型前面的三排面，进行动画角色的面部塑造，注意不要使用框选，否则会将模型的后端面一同选中（图4-14）。

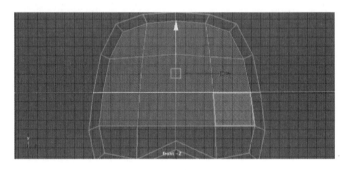

图4-14　选中画面中的面

单击挤出工具后，点击蓝色方块，选择中间出现的方块向左拖动，将面进行整体缩小挤出（图4-15）。

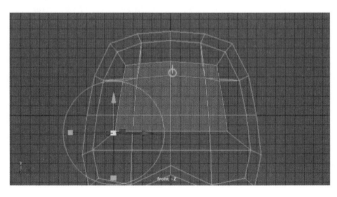

图4-15　挤出工具将面缩小挤出

继续单击挤出工具，将蓝色箭头向内推动后，选择中间方块向右拖动，使面向模型内部挤出并整体放大。制作出动画角色头部的结构（图4-16）。

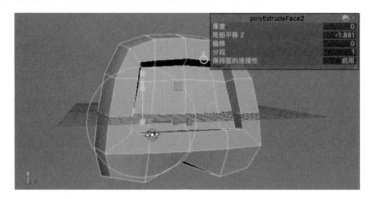

图4-16　调整挤出面的造型

选择角色模型，进入编辑对象的模式，用移动工具（W）将角色的主体模型延z轴向后推动，预留出后续新建基本体的位置（图4-17）。

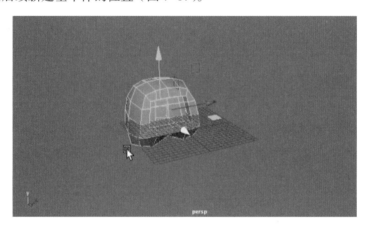

图4-17　向后移动模型

在视图中间创建一个多边形立方体（图4-18）。

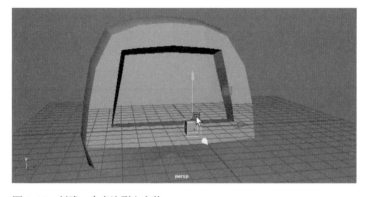

图4-18　创建一个多边形立方体

选择这个多边形立方体，用移动工具（W）调整模型的高度与角色主体模型前面结构框大概高度，切换缩放工具（R）根据动画角色主体模型的结构，调整立方体长、宽、高的比例（图4-19）。

在通道盒的输入（polyCube2）中将细分宽度设置为4，高度细分数设置为4，深度细分数设置为2（图4-20）。

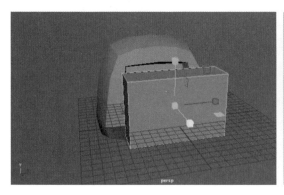 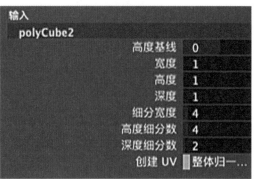

图4-19　调整模型位置与比例　　　　　　　　　图4-20　修改模型细分数

选择这个多边形立方体，进入编辑顶点的模式，在前视图中框选每一排顶点，用缩放工具（R）进行横向放大缩小，调整立方体造型（图4-21）。

继续编辑顶点的模式，在右视图中，同上述操作一致，分别框选立方体中间三排顶点，用缩放工具（R）进行横向的放大调整，其中中间一排顶点距离最宽（图4-22）。

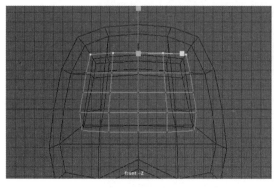 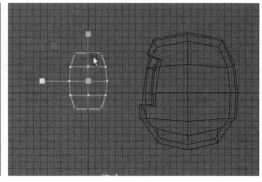

图4-21　缩放工具编辑顶点调整模型　　　　　　图4-22　继续编辑顶点调整模型

继续在右视图中，框选中间一列顶点，用缩放工具（R）向右拖动中间方块，将顶点进行整体拉长，调整立方体侧面的圆滑效果（图4-23）。

在前视图中，继续编辑顶点的模式，分别框选模型最外两圈中上部分的左右顶点和下部分的左右顶点，用移动工具（W）和缩放工具（R）进行向中间的纵向移动和横向缩放，调整模型的形状（图4-24、图4-25）。

Maya 动画建模案例教程

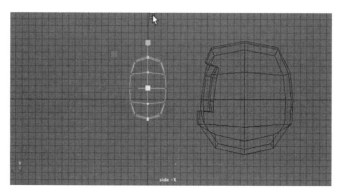

图4-23　调整立方体侧面的圆滑效果

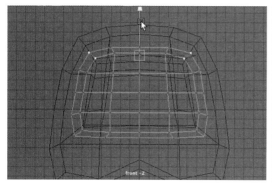

图4-24　调整模型的形状　步骤一

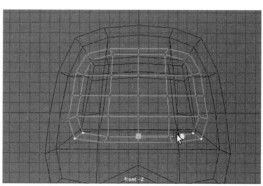

图4-25　调整模型的形状　步骤二

继续在前视图中，框选中间一排顶点，用缩放工具（R）进行横向拉长（图4-26）。

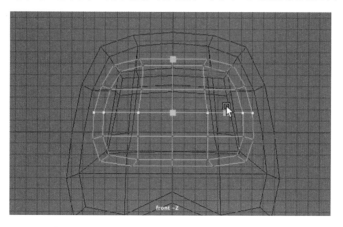

图4-26　将中间顶点拉长

在前视图中，框选模型中间的三排顶点，使用缩放工具（R）在透视视图中向前端拉长顶点，调整模型前后两面的圆滑度（图4-27）。继续重复上述操作，在前视图中框选中间一列的三个顶点，在透视视图中向前端拉长（图4-28）。

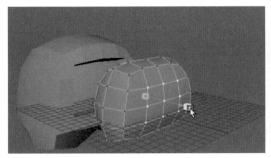
图4-27　调整模型前后两面的圆滑度

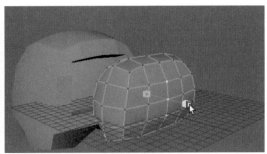
图4-28　调整模型中间鼓起造型

在右视图中，选择角色主体模型和头部模型，点击键盘中的"3"，将这两个模型调整为圆滑显示的状态。进入编辑对象的模式，选择头部模型用移动工具（W）向右纵向移动，调整到与角色主体模型相符合的位置（图4-29）。

继续在右视图中，选择角色头部模型，用旋转工具（E）向右进行单轴向的旋转调整，其倾斜角度与角色主体模型一致（图4-30）。切换缩放工具（R），选择左侧方块向右拖动进行单向缩小，将头部模型的圆滑度略微调小（图4-31）。

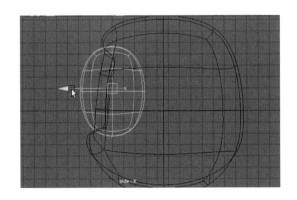
图4-29　调整头部模型位置

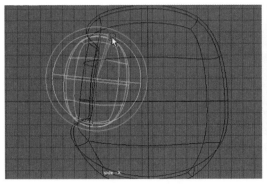
图4-30　调整模型角度

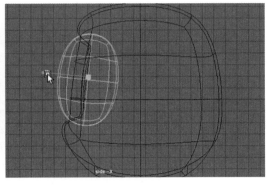
图4-31　调整模型大小比例

选择角色主体模型，进入编辑顶点的模式，在右视图中框选下端两排顶点，用缩放工具（R）横向缩短，调整角色腿部的宽度（图4-32）。框选上端三排顶点，重复上述操作，横向缩短（图4-33）。继续框选中间靠下的顶点，用缩放工具横向放大，调整角色主体模型的形态（图4-34）。

继续选择角色主体模型，在前视图中，框选中间靠近上端的一排顶点，用缩放工具（R）横向缩短（图4-35）。

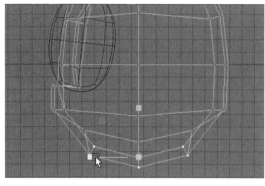

图4-32　调整角色腿部的宽度

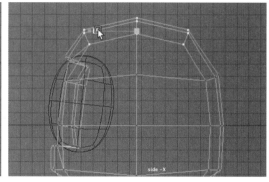

图4-33　横向缩短头顶端顶点的距离

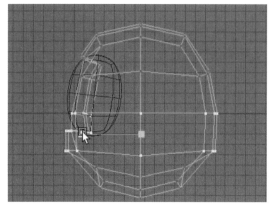

图4-34　调整靠下部分顶点的距离

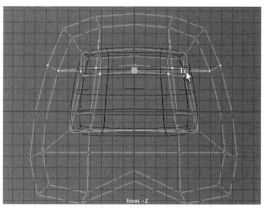

图4-35　缩放工具微调选中顶点的距离

在视图中间创建一个多边形圆柱体（图4-36）。

在通道盒的输入（polyCylinder1）中将轴向细分数设置为12（图4-37）。

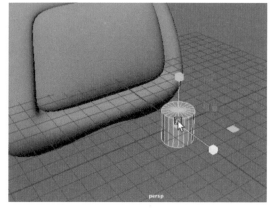

图4-36　新建多边形圆柱体

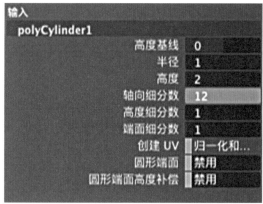

图4-37　修改轴向细分数

选择这个多边形圆柱体，用缩放工具（R）整体放大后，向下缩短圆柱体的高度，调整模型的造型比例（图4-38）。

进入编辑面模式，选择这个圆柱体顶端的圆面，单击挤出工具，单击蓝色方块后，将中间方块向左拖动，使挤出的面整体缩小（图4-39）。继续单击挤出工具，向上拉动蓝色箭头，将面进行向上挤出调整（图4-40）。

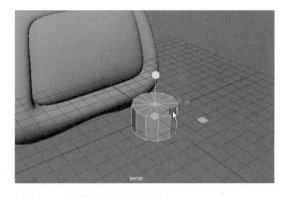

图4-38　调整模型的造型比例

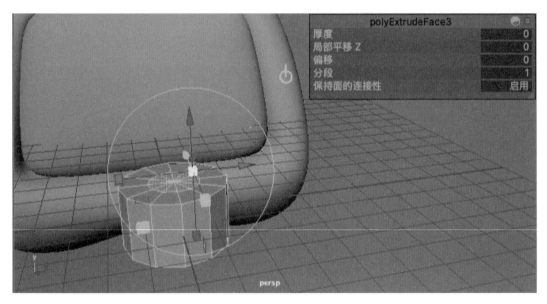

图4-39　挤出顶部的面并整体缩小

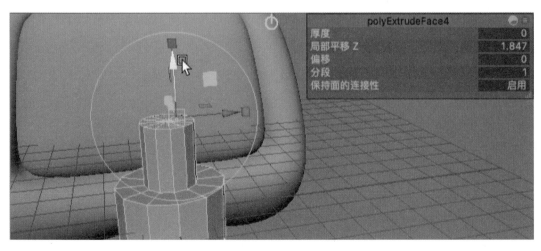

图4-40　再次向上挤出

选择这个模型，进入编辑对象的模式，用移动工具（W）将模型向下移动，预留出后续新建基本体的位置（图4-41）。

在视图中间创建一个多边形圆锥体（图4-42）。

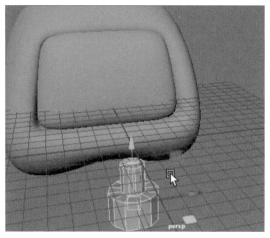

图4-41　移动模型位置

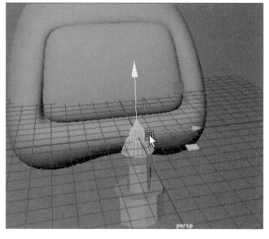

图4-42　创建多边形圆锥体

选择这个多边形圆锥体，用缩放工具（R）整体放大后，选择下方调整后的多边形圆柱体，用移动工具（W）向上移动，调整两者之间的位置关系（图4-43）。

再次选择圆锥体，用缩放工具（R）纵向拉长，调整这个圆锥体的造型比例（图4-44）。切换移动工具（W），将圆锥体向上移动，调整与下方圆柱体的位置关系（图4-45）。

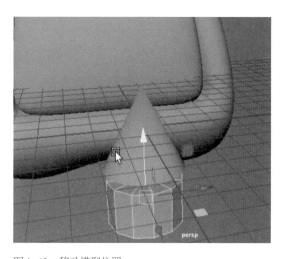

图4-43　移动模型位置

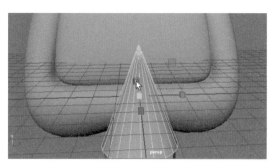

图4-44　调整圆锥体的造型比例

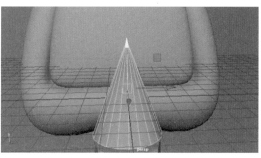

图4-45　调整这个圆锥体的位置

在通道盒的输入（polyCone1）中将轴向细分数设置为12，高度细分数设置为4（图4-46）。

选择下方的多边形圆柱体，在前视图中，框选上半部分挤出的面，用缩放工具（R）整体缩小后纵向拉长，调整其造型比例（图4-47）。

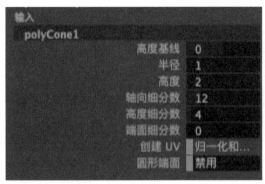

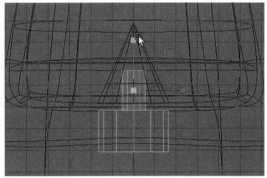

图4-46　修改细分数

图4-47　调整两个模型的造型比例

点击菜单栏中网格工具下的插入循环边工具，在前视图中，分别点击这个圆柱体边框的上下两边，使其上下添加循环边为以下造型（图4-48）。继续点击这个多边形圆柱体上半部分垂直的两个面的边，添加两条循环边为图中造型，确保模型在圆滑显示时不会过于圆滑（图4-49）。

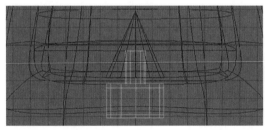

图4-48　添加循环边

图4-49　继续给细节添加循环边

继续选择插入循环边工具，选择上方的多边形圆锥体，点击侧面边插入一条横向的循环边（图4-50）。点击键盘中的"3"，将圆柱体和圆锥体两个模型调整为圆滑显示的状态（图4-51）。选择圆锥体，进入编辑顶点的模式，用移动工具（W）选择最上方顶点向下移动，调整圆锥体的造型（图4-52）。

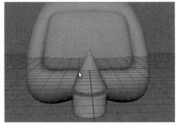

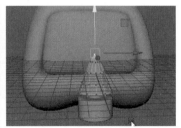

图4-50　给圆锥体插入循环边

图4-51　圆滑显示模型

图4-52　调整圆锥体的造型

选择调整好的圆柱体和圆锥体
两个模型，快捷键"Ctrl+G"将所
选模型进行打组（图4-53）。单击菜
单栏中修改命令模块中的中心枢组
（图4-54），调整这个模型组的控制枢
纽在中间位置（图4-55）。

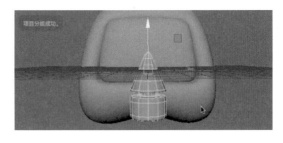

图4-53　将选中模型进行打组

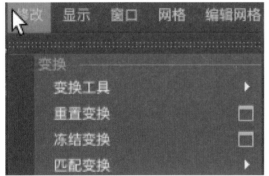

图4-54　选择修改命令

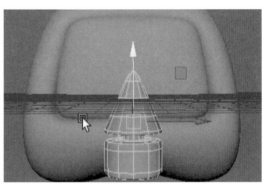

图4-55　调整模型位置

选择动画角色主体模型和头部模型，用移动工具（W）将这两个模型移动到视图的中心
坐标处（图4-56）。选择圆柱体和圆锥体这个模型组，用移动工具（W）、旋转工具（E）调
整模型组的位置和旋转角度，以符合动画角色的造型（图4-57）。

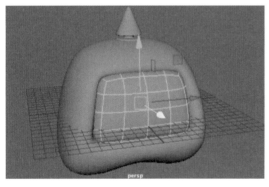

图4-56　移动模型至中心坐标处

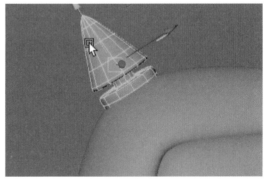

图4-57　调整模型位置和角度

继续选择模型组，点击菜单栏中网格模块下的镜像工具的右侧参数方框（图4-58），这
时候界面会弹出一个镜像选项的面板，在这个面板里，可以进行一些镜像的参数设置。在镜
像选项面板中，将镜像轴位置设置为世界，镜像轴为x，镜像方向设置为+，边界设置为不
合并边界（图4-59）。

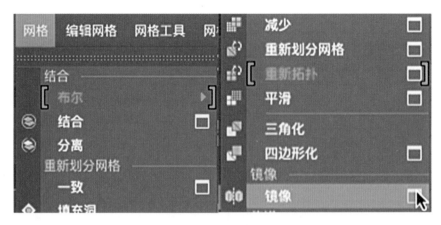

图4-58　选择镜像工具

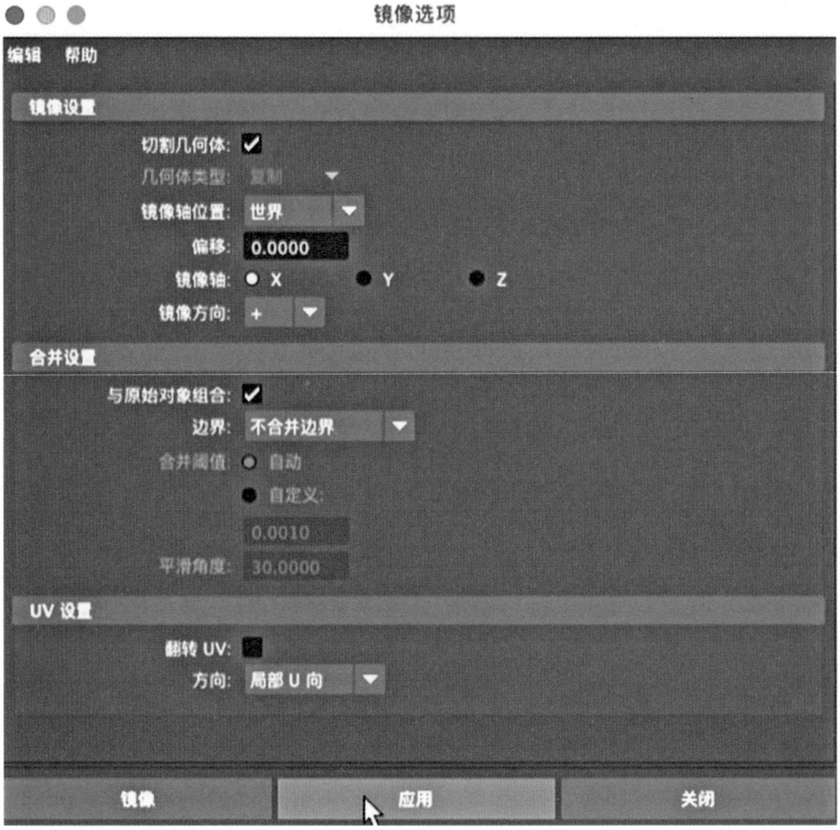

图4-59　设置镜像参数

设置好参数后，点击面板中的应用，视图中会生成一个与所选模型组相对称的镜像模型组（图4-60）。

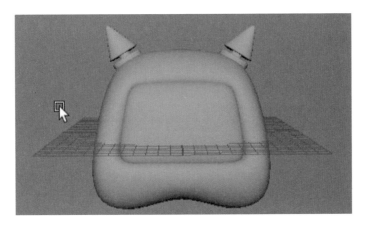

图4-60　生成镜像模型

框选所有模型，点击菜单栏中修改命令模块中的冻结变换（图4-61），将所有模型的平移、旋转和缩放的数值重新归零，以便于模型的整体移动调整和位置确定。

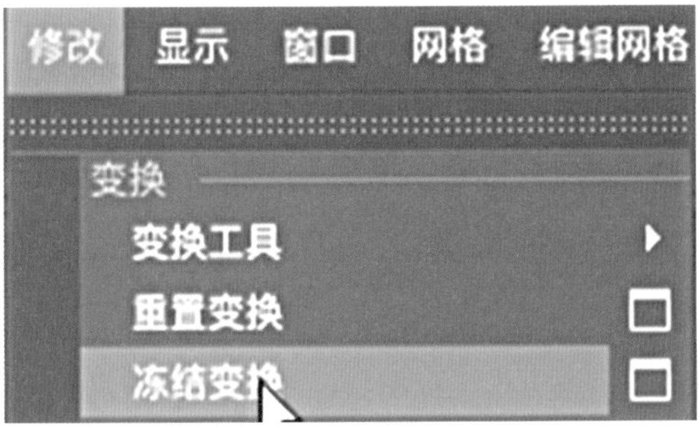

图4-61　选择"冻结变换"命令

用移动工具（W）将所有的模型整体向后移动，预留出后续新建基本体的位置（图4-62）。

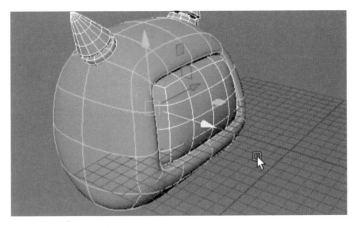

图4-62　移动模型位置

在视图中间创建一个多边形立方体（图4-63）。

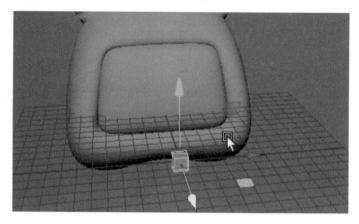

图4-63　创建多边形立方体

选择这个多边形立方体，用缩放工具（R）调整立方体的造型比例（图4-64）。

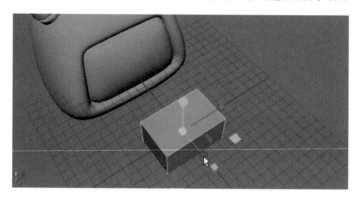

图4-64　调整模型比例

在通道盒的输入（polyCube3）中将细分宽度设置为6，高度细分数设置为2，深度细分数设置为2（图4-65）。

polyCube3	
高度基线	0
宽度	1
高度	1
深度	1
细分宽度	6
高度细分数	2
深度细分数	2
创建 UV	整体归一…

图4-65　调整模型细分数

选择这个多边形立方体，在前视图中，用旋转工具（E）调整立方体的倾斜角度（图4-66）。

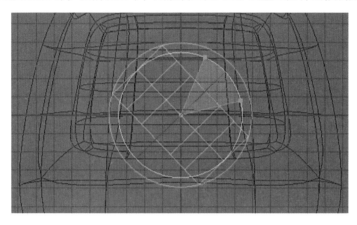

图4-66　调整模型角度

继续在前视图中，进入编辑顶点的模式，框选中间的一排顶点，用缩放工具（R）拖动右下方方块，将中间一排顶点进行拉长调整（图4-67）。

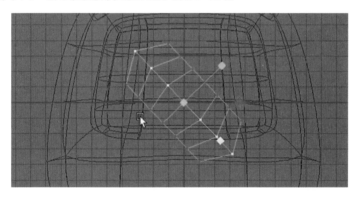

图4-67　编辑顶点修改模型

继续编辑顶点的模式，在前视图中分别框选模型顶点，用移动工具（W）调整模型造型（图4-68）。

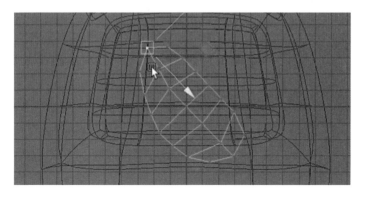

图4-68　编辑顶点调整模型造型

选择这个多边形立方体，进入编辑顶点的模式，在右视图中，分别框选每一排顶点，用缩放工具（R）从下向上依次进行缩小，调整模型为上窄下宽的造型（图4-69）。

继续选择这个立方体，点击键盘中的"3"，将模型调整为圆滑显示的状态后，在右视图中框选中间一列顶点，用缩放工具（R）向上纵向放大调整（图4-70）。在前视图中，继续框选模型中间一列的顶点（图4-71）。框选好顶点后，在右视图中用缩放工具进行横向拉长，调整模型的圆滑造型（图4-72）。

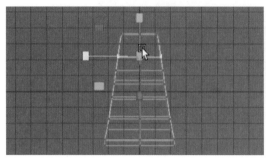

图4-69　从右视图编辑顶点调整模型造型

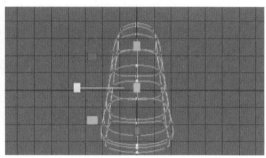

图4-70　缩放工具放大调整顶点

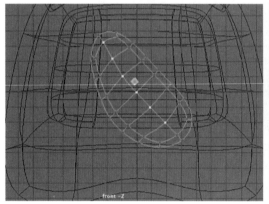

图4-71　选中中间一列顶点

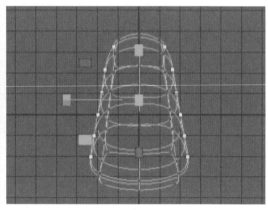

图4-72　调整模型的圆滑造型

选择这个调整好的多边形立方体，进入编辑对象的模式，分别用移动工具（W）、旋转工具（E）、缩放工具（R）调整模型的位置、旋转角度和模型大小，使其与主模型相结合后的整体造型相匹配（图4-73）。

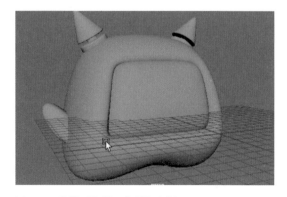

图4-73　调整手部模型位置与比例

调整好立方体的位置后，选择这个模型，点击菜单栏中网格模块下的镜像工具，因为之前的镜像参数符合这个模型，所以直接点击镜像工具就可以生成一个与所选模型相对称的镜像模型（图4-74）。

在视图中间创建一个多边形立方体（图4-75）。

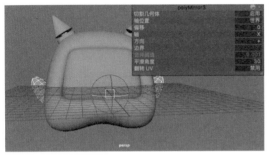
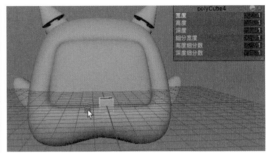

图4-74　镜像手部模型

图4-75　新建多边形立方体

选择这个多边形立方体，用缩放工具（R）和移动工具（W）调整立方体的造型比例和位置（图4-76）。

在通道盒的输入（polyCube4）中将细分宽度设置为6，高度细分数设置为2，深度细分数设置为2（图4-77）。

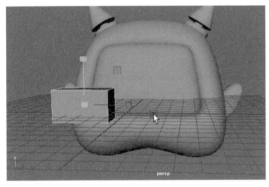
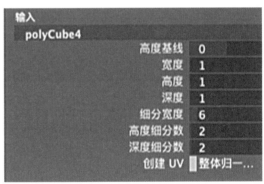

图4-76　调整模型位置与比例

图4-77　修改模型细分数

选择这个多边形立方体，进入编辑顶点的模式，在前视图中框选中间的一排顶点，用缩放工具（R）向右拖动中间方块，将中间一排顶点进行整体放大调整（图4-78）。

继续选择这个立方体，进入编辑顶点的模式，在前视图中分别框选每个顶

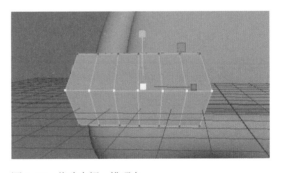

图4-78　修改中间一排顶点

点，用移动工具（W）进行纵向和横向的平移，调整模型的造型（图4-79）。

进入编辑边的模式，双击模型侧面中间的一条边进行全选，用缩放工具（R）整体放大，调整模型侧面边的弯曲度（图4-80）。

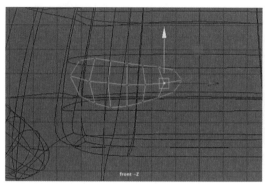

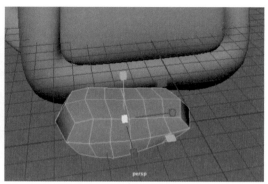

图4-79　通过顶点逐步调整模型造型

图4-80　调整模型侧面边的弯曲度

选择立方体，进入编辑顶点的模式，在前视图中框选所有顶点，用缩放工具（R）将模型整体纵向缩小，调整模型整体的造型比例（图4-81）。继续编辑顶点的模式，分别框选模型两侧的顶点，用缩放工具（R）纵向缩短点之间的距离，调整出模型两端的圆滑度（图4-82）。

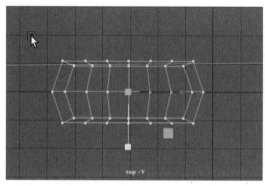

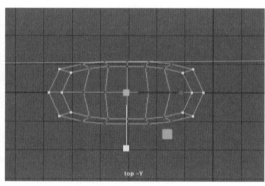

图4-81　通过缩放顶点调整模型整体的造型比例

图4-82　调整模型两端的圆滑度

选择这个调整好的多边形立方体，进入编辑对象的模式，点击键盘中的"3"，将模型调整为圆滑显示的状态后，分别用移动工具（W）、旋转工具（E）、缩放工具（R）调整这个模型的位置、旋转角度和模型大小，使其与主模型相结合后的整体造型相匹配（图4-83）。

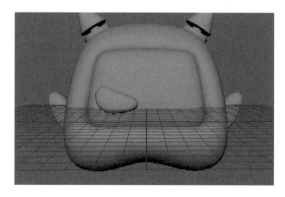

图4-83　调整眼睛模型位置与比例

选择这个模型，点击菜单栏中网格模块下的镜像工具，生成一个与所选模型相对称的镜像模型（图4-84）。

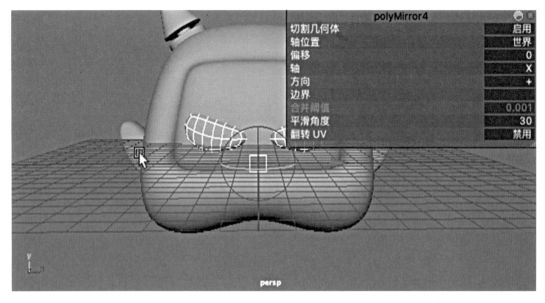

图4-84　镜像眼睛模型

第二节　角色细节建模

选择动画角色模型的主体模型部分，点击键盘中的"1"，将模型切换为正常显示的状态（图4-85）。点击菜单栏中网格工具下的插入循环边工具，分别在模型左侧插入横向三条循环边和纵向两条循环边（图4-86）。

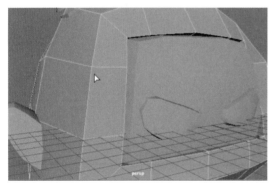

图4-85　切换模型正常显示状态

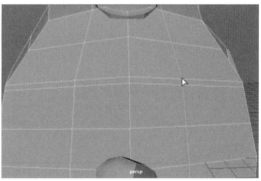

图4-86　插入循环边

继续选择动画角色模型的主体模型，进入编辑顶点的模式，选择模型左侧插入循环边后上端的两个顶点，用缩放工具（R）横向缩短顶点距离后，用移动工具（W）向下移动顶点，使顶点更加靠近中间位置（图4-87）。继续选择插入循环边后下端的两个顶点，重复上述操作，缩放工具（R）横向缩短顶点距离后，用移动工具（W）向上移动顶点，使顶点的造型接近圆形（图4-88）。继续选择中间下方三个顶点，用移动工具（W）向下移动，使造型更为接近圆形（图4-89）。

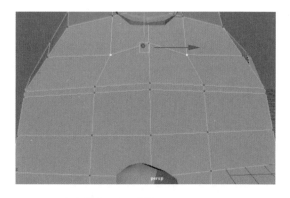

图4-87　修改所选顶点的位置1

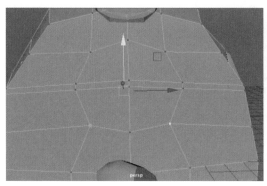

图4-88　修改所选顶点的位置2

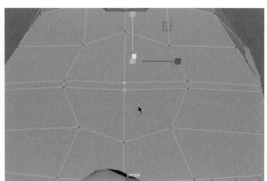

图4-89　修改所选顶点的位置3

由于模型左侧插入循环边后上端的两个顶点过于向模型中间凹陷（图4-90），用移动工具（W）将顶点向左侧平移，使模型左侧面趋于平滑（图4-91）。

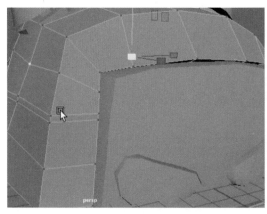

图4-90　选中图中模型凹陷的点

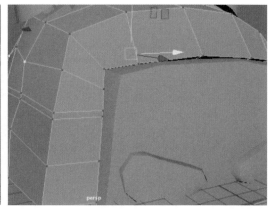

图4-91　调整顶点位置

选择这个主体模型，进入编辑面的模式，选择插入循环边后生成的横向的一圈面以及调整为接近圆形的四个面（图4-92），模型内侧的面也需要选中（图4-93）。

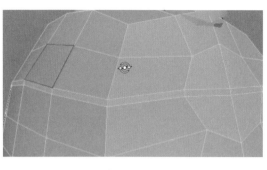

图4-92 选择图中显示的面

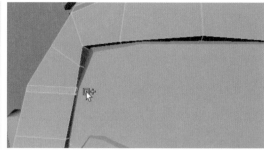

图4-93 选中内侧的面

　　将面选择好后，单击菜单栏中"编辑网格"命令模块中的挤出工具，选择蓝色箭头向内拖动，将面进行向内挤出造型（图4-94）。

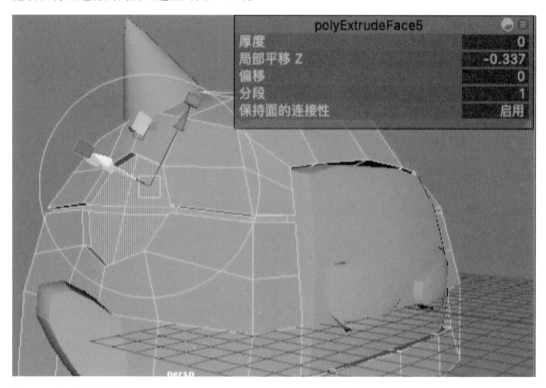

图4-94 向内挤出造型

　　单击菜单栏中网格工具下的插入循环边工具，在模型左侧靠近前端的位置和模型前端分别插入两条循环边（图4-95）。选择模型左侧靠近后方的边和挤出面上下两端的边，分别插入循环边（图4-96）。单击挤出面的侧边，继

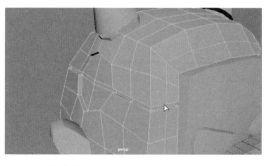

图4-95 相应位置插入循环边1

续插入循环边（图4-97），使模型在圆滑显示时挤出的部分不会过于圆滑，保留挤出后的造型结构（图4-98）。

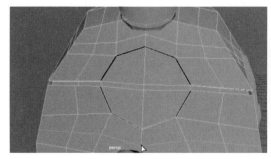

图4-96　相应位置插入循环边2

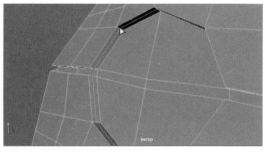

图4-97　内侧面插入循环边

在视图中间创建一个多边形圆柱体（图4-99）。

在通道盒的输入（polyCylinder2）中将轴向细分数设置为12（图4-100）。

选择这个多边形圆柱体，用旋转工具（E）将其沿z轴方向旋转90°（图4-101）。用缩放工具（R）整体放大，

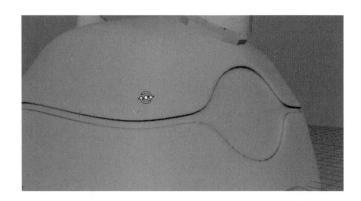

图4-98　圆滑显示观察效果

其中模型圆面大小与主体模型挤出面相似，继续将圆柱体的侧面进行缩短，调整模型的造型比例（图4-102）。用移动工具（W）将圆柱体向右移动，调整好与角色主体模型的位置关系后，用旋转工具（E）旋转多边形圆柱体的角度并与主体模型侧面的倾斜角度一致（图4-103）。

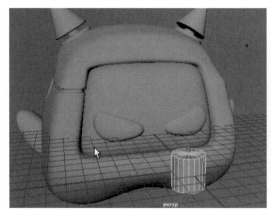

图4-99　新建多边形圆柱体

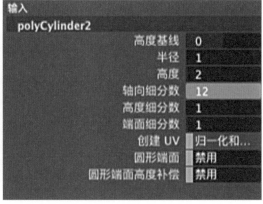

图4-100　修改细分数

点击多边形圆柱体，进入编辑面的模式，选择圆柱体的外侧圆面，点击挤出工具，点击蓝色方块后将中间方块向左拖动，整体缩小挤出的面（图4-104）。再次点击挤出工具，将蓝色箭头向内拖动，使面进行向内挤出（图4-105）。继续点击挤出工具，重复上述操作，拖动中间方块，将面进行整体缩小（图4-106）。再次点击挤出工具，向外拖动蓝色箭头，使面向外挤出，其中挤出的面要高于圆柱体本身的面（图4-107）。

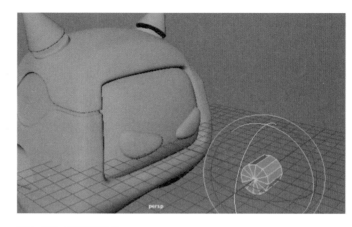

图4-101 旋转圆柱体

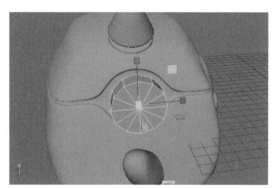

图4-102 调整模型比例

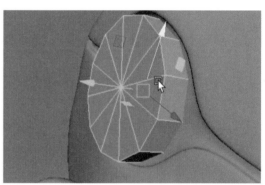

图4-103 调整模型位置与角度

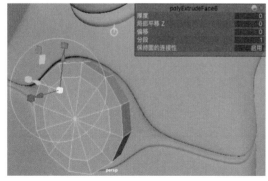

图4-104 用挤出工具挤出横截面

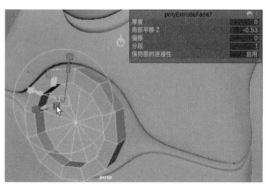

图4-105 向内挤出造型

点击菜单栏中网格工具下的插入循环边工具，在这个多边形圆柱体的内侧面和外侧面分

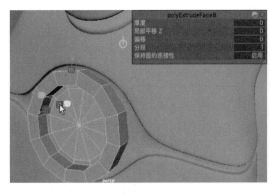
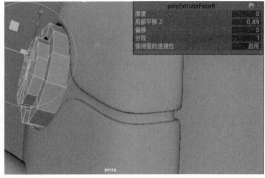

图4-106 继续挤出调整造型   图4-107 向外挤出造型

别插入两条循环边，使模型在圆滑显示时不会过于圆滑（图4-108）。

继续选择这个多边形圆柱体，点击键盘中的"3"，将模型调整为圆滑显示的状态。进入编辑对象的模式，用缩放工具（R）将模型进行横向拉宽操作，以符合角色主体模型中侧面的造型结构（图4-109）。

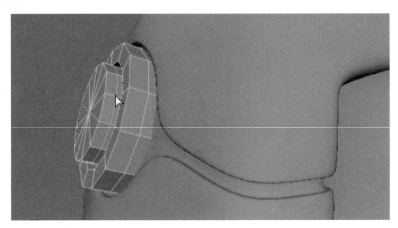

图4-108 插入循环边

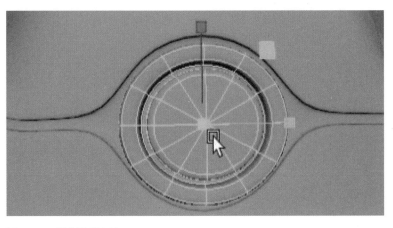

图4-109 调整模型比例

选择动画角色模型的主体模型部分，点击键盘中的"1"，将模型切换为正常显示的状态。点击菜单栏中网格工具下的插入循环边工具，在模型中间靠近左侧插入一条循环边（图4-110）。进入编辑面的模式，框选主体模型右边的所有面，点击删除（图4-111）。

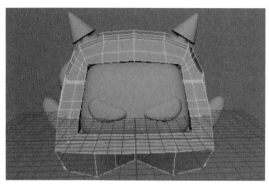 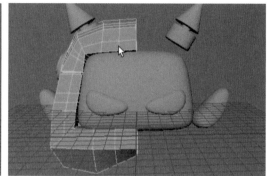

图4-110　插入一条循环边　　　　　　　　　图4-111　删除一半的模型

继续选择主体模型，进入编辑对象的模式，点击菜单栏中"网格"模块下的镜像工具的右侧参数方框，在镜像选项面板中，将边界设置为合并边界顶点（图4-112）。点击面板中的应用，视图中会在右侧生成一个与左侧相同的镜像模型，左右两侧是合并在一起的一个整体模型（图4-113）。

图4-112　设置镜像面板参数

点击角色模型左侧中调整好的多边形圆柱体，重复上述操作，点击菜单栏中"网格"模块下的镜像工具的右侧参数方框，在镜像选项面板中，将边界设置为不合并边界。点击面板中的应用，生成镜像模型（图4-114）。

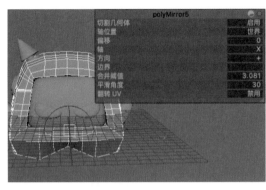

图4-113 镜像完整模型

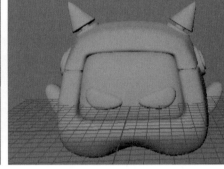

图4-114 生成其他镜像模型

选择动画角色模型的主体模型部分，点击键盘中的"1"，将模型切换为正常显示的状态。进入编辑顶点的模式，在前视图中框选中间的五个顶点，用移动工具（W）向下移动调整，其中模型前后两侧的顶点都需要选中（图4-115）。

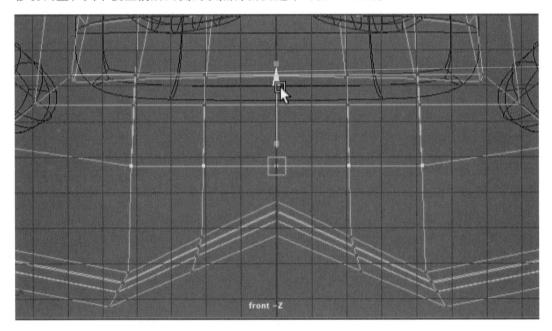

图4-115 调整模型顶点位置

进入编辑面的模式，选中主体模型前端的中间四个面（图4-116），点击挤出工具，将保持面的连接性设置为禁用（图4-117）。点击蓝色方块后将中间的方块向左拖动，使挤出的面整体缩小（图4-118），继续选择红色方块向左拖动，调整挤出面的比例（图4-119）。

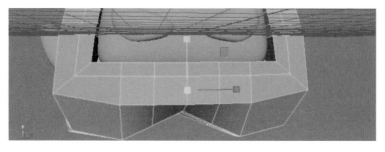

图4-116　选中图中显示的面

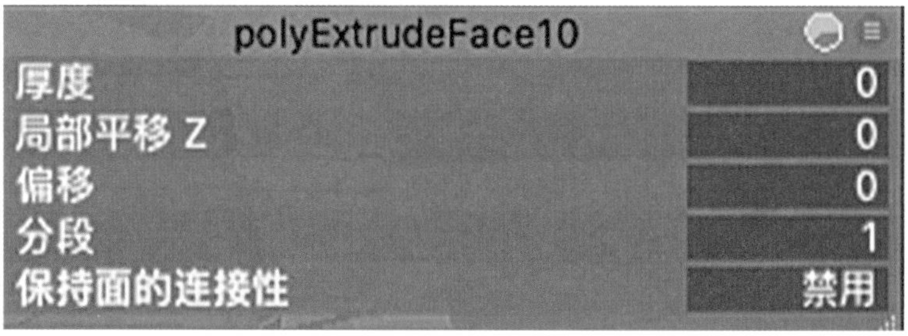

图4-117　面的连接性设置为禁用

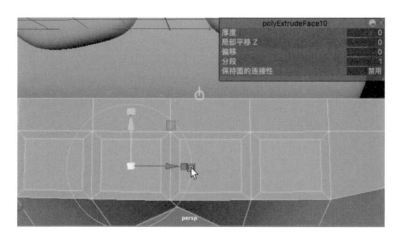

图4-118　缩放挤出缩小的面

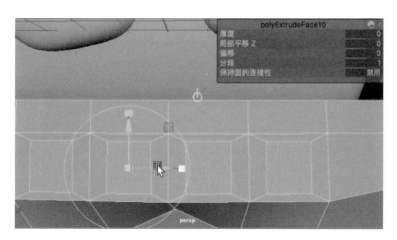

图4-119　调整面的比例

继续点击挤出工具，将蓝色箭头向内拖动，使面调整为向内挤出（图4-120）。再次点击挤出工具，重复上述操作，点击蓝色方块后拖动中间的方块，将挤出的面整体缩小（图4-121）。接着点击挤出工具，向外拖动蓝色箭头，使面向外挤出，其中挤出的面要高于模型主体本身的面（图4-122）。

　　点击插入循环边工具，在模型下端插入一条循环边（图4-123）。进入编辑顶点的

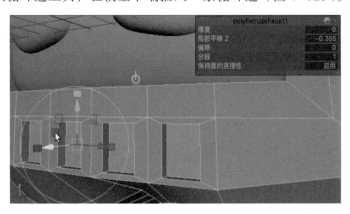

图4-120　向内挤出所选模型

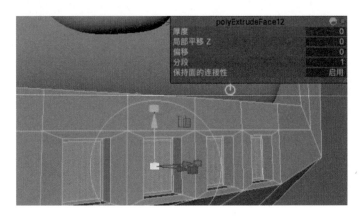

图4-121　再次挤出并缩小挤出面

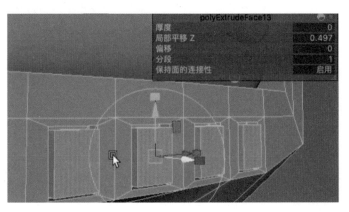

图4-122　向外再次挤出模型

模式，选择新插入循环边的中间三个顶点，用移动工具（W）向下移动后进行向外平移（图4-124）。继续选择三个顶点中的中间顶点，用移动工具（W）向外平移（图4-125）。重复上述操作，分别点击模型下方前三个顶点用移动工具（W）进行向下移动调整，使模型的前面与底面更加平滑（图4-126）。

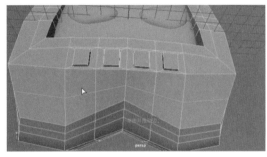

图4-123 插入循环边

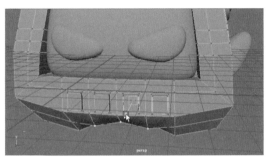

图4-124 选择相应顶点

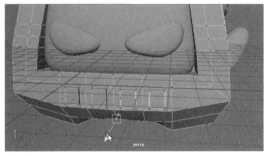

图4-125 移动调整顶点位置1

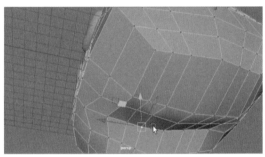

图4-126 移动调整顶点位置2

在前视图中框选角色模型腿部的两端顶点，用缩放工具（R）向内缩放，调整模型造型（图4-127）。

点击键盘中的"3"，将动画角色所有模型调整为圆滑显示的状态，点击主体模型，进入编辑顶点的模式，选择下端的顶点，用移动工具（W）向下移动，调整模型的整体造型比例（图4-128）。切换缩放工具（R）进行横向缩短，塑造模型细节（图4-129）。

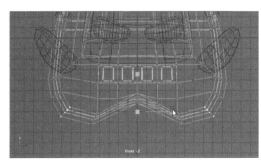

图4-127 缩放工具调整模型

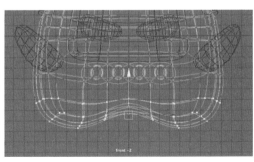

图4-128 移动顶点调整模型

框选动画角色所有模型，快捷键"Ctrl+G"将所选模型进行打组（图4-130）。点击菜单栏中编辑模块中按类型删除的历史，将所选模型的历史操作进行删除（图4-131）。点击菜单栏中修改命令模块中的中心枢纽，调整这个模型组的控制枢纽在中间位置后，用移动工具（W）将动画角色模型移动到视图的中心位置（图4-132）。

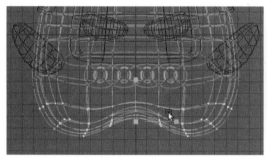
图4-129　缩放顶点调整模型

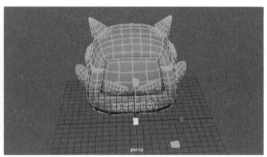
图4-130　打组所选模型

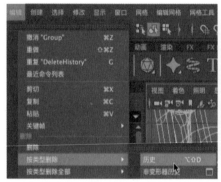
图4-131　删除模型历史记录

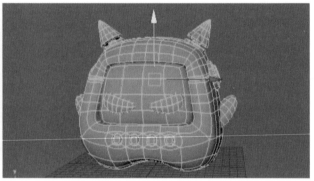
图4-132　将模型移动到视图中心位置

由于角色主体模型中间按钮的造型过于圆滑，选择这个模型点击插入循环边工具，在按钮中间处插入一条循环边，使其造型显示为方形（图4-133）。

观察动画角色模型的整体造型（图4-134），如不需要继续调整，点击文件中的保存场景，命名文件，将模型进行保存（图4-135）。

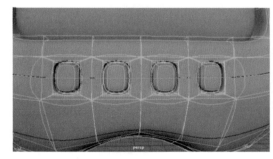
图4-133　插入循环边调整模型

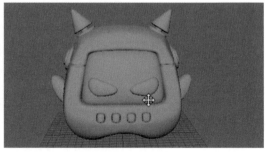
图4-134　多角度观察模型造型

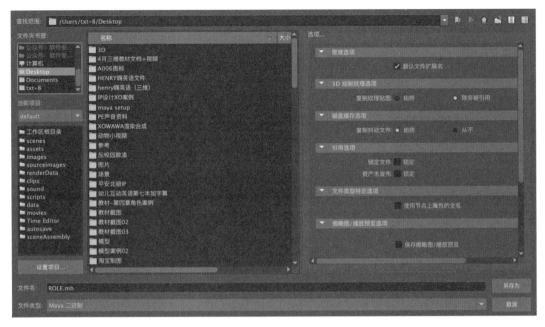

图4-135 保存模型文件

第五章

动画场景建模案例

本章将讲解如何使用多边形建模相关知识完成动画场景建模（图5-1）。

图5-1　场景模型渲染图

第一节　场景主体建模

在视图中间创建一个多边形立方体（图5-2）。

选择这个多边形立方体，用缩放工具（R）调整立方体的造型比例（图5-3）。

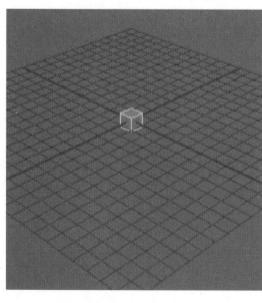

图5-2　新建多边形立方体

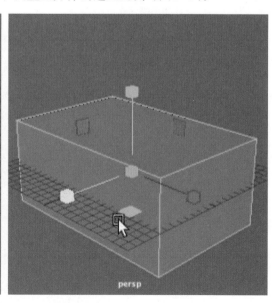

图5-3　调整模型比例

在通道盒的输入（polyCube1）中
将细分宽度设置为16，高度细分数设置
为8，深度细分数设置为10（图5-4）。

选择这个多边形立方体，进入编辑
对象的模式，点击挤出工具（图5-5），
切换缩放工具（R）将立方体整体挤出
放大（图5-6）。

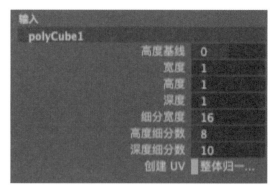

图5-4 调整模型细分数

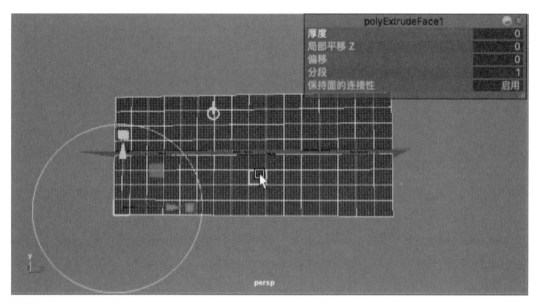

图5-5 选中模型点击挤出工具

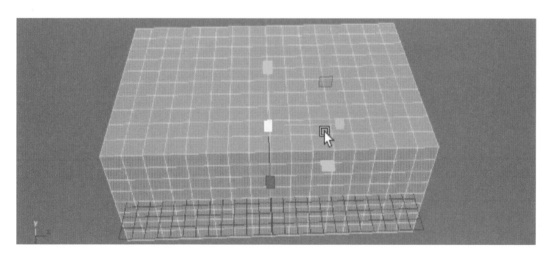

图5-6 直接用缩放工具将挤出部分放大

继续挤出的面，在前视图中，用缩放工具（R）将挤出的面进行横向缩小，调整为与上边相差距离相同（图5-7）。重复上述操作，在右视图中用缩放工具（R）横向缩小挤出的面（图5-8）。

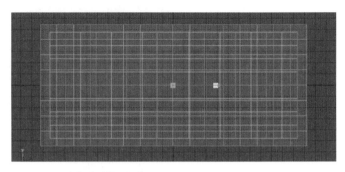

图5-7　在前视图调整挤出的面

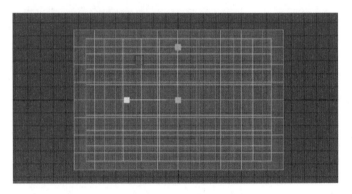

图5-8　在右视图调整挤出的面

进入编辑边的模式，在前视图中，双击模型内层面纵向对称的边（图5-9），用缩放工具（R）横向放大至与模型外层面相同的距离（图5-10）。依次连续选择纵向对称的边，重复上述操作，用缩放工具（R）横向放大，调整边的位置（图5-11）。

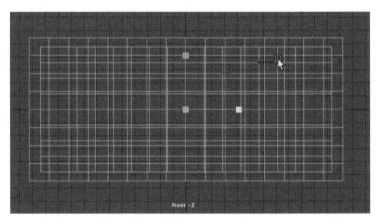

图5-9　选中模型内层面纵向对称的边

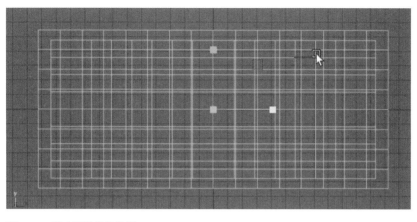

图5-10　放大调整边的比例

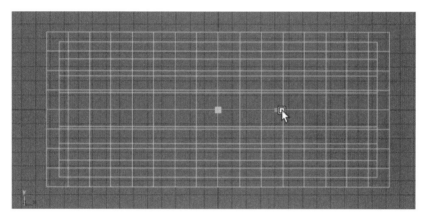

图5-11　调整边的位置

继续编辑边的模式，重复上述操作，在右视图中，双击立方体内层横向对称的边（图5-12），用缩放工具（R）纵向放大至与模型外层面相同的距离（图5-13）。依次连续选择横向对称的边，继续上述操作，用缩放工具（R）纵向放大，调整边的位置（图5-14）。

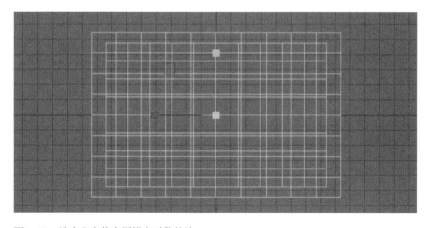

图5-12　选中立方体内层横向对称的边

此步骤模型布线较为复杂，详细步骤请观看本书配套视频教程。

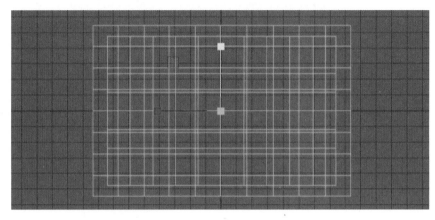

图5-13　缩放选中的边

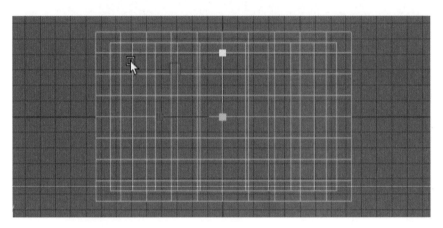

图5-14　继续缩放调整边的位置

同理，继续在右视图中，双击内层纵向对称的边（图5-15），用缩放工具（R）横向放大与模型外层面相同的距离（图5-16）。依次双选纵向对称的边进行调整（图5-17）。

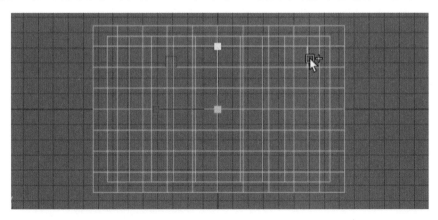

图5-15　选择内层纵向对称的边

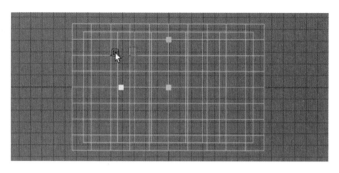

图5-16　调整边与外层面的距离

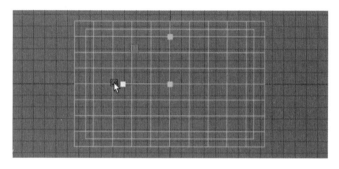

图5-17　调整边的位置

　　进入编辑面的模式，在透视图中，框选模型前面的两层面，快捷键"Ctrl+1"将未选中对象进行隐藏（图5-18）。这样更加方便对模型进行局部的细节调整，而不影响模型的其他地方，如果需要显示隐藏的对象，再按一次"Ctrl+1"即可。

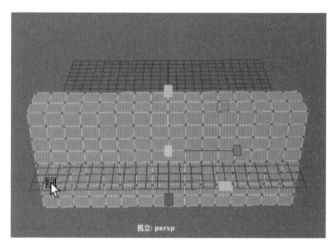

图5-18　隐藏模型前面的两层面

　　进入编辑顶点的模式，在前视图中，框选需要调整的顶点，用缩放工具（R）和移动工具（W）进行缩放和移动，调整模型造型（图5-19）。

快捷键"Ctrl+1"，显示模型中隐藏
的对象，点击菜单栏中网格工具下的插
入循环边工具，在前视图中，点击模型
外框四周的边，分别插入四条循环边，
其中循环边需要与模型内层边的位置相
同（图5-20）。

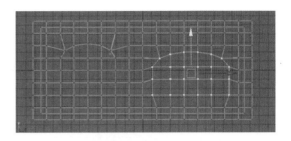

图5-19　编辑顶点调整模型造型

选择多边形立方体，进入编辑面的
模式，在透视图中选择前端调整好的面
（图5-21），其中立方体内层相对应的
面也需要选中（图5-22）。

点击菜单栏中编辑网格模块中的提
取（图5-23）。

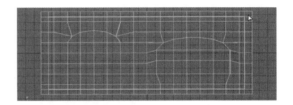

图5-20　插入四条循环边

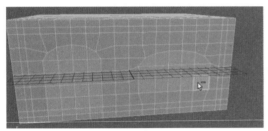

图5-21　选中模型前端调整好的面

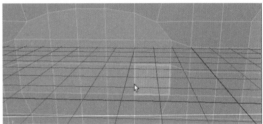

图5-22　同时选中内层的面

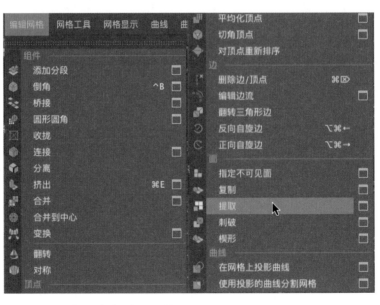

图5-23　使用编辑网格中的提取工具

进入编辑对象的模式，分别选择提取出的相对应的面，用移动工具（W）向前移动其位置（图5-24）。

继续编辑对象的模式，分别选择两组相对应的提取出的面，点击菜单栏中网格模块中的结合（图5-25），使相对应的面结合为一个模型。

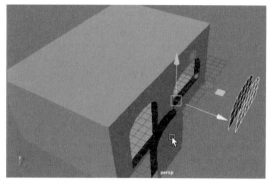

图5-24　移动提取出来的面

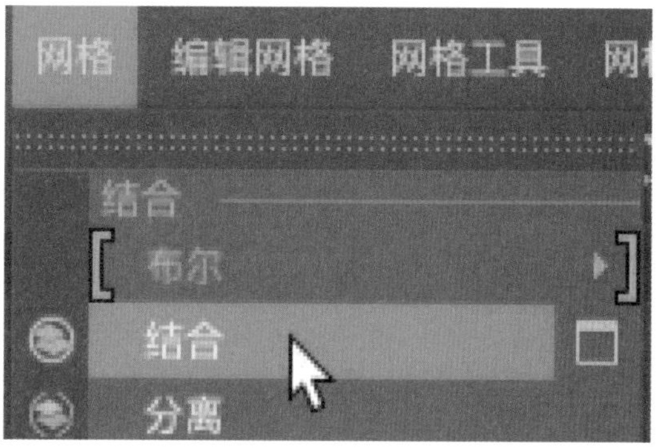

图5-25　将对应的面结合

进入编辑边的模式，双击全选两个面的外边框（图5-26），点击菜单栏中编辑网格模块中的桥接（图5-27）。将模型中间缺失的面进行桥接补全（图5-28）。重复上述操作，将另一个模型中间的面进行桥接补全（图5-29）。

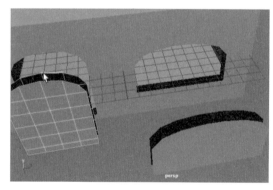

图5-26　选中两个面的外边框

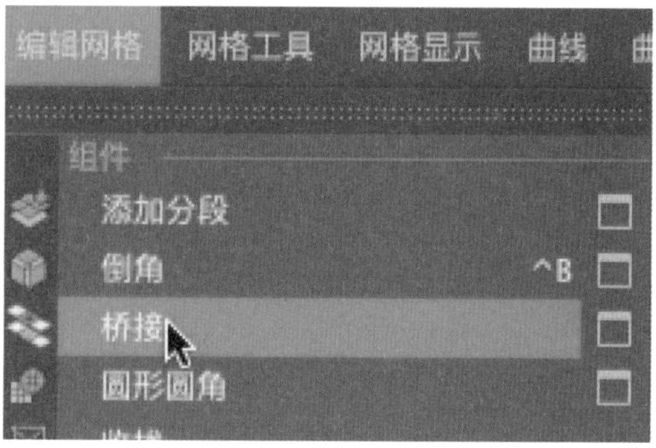

图5-27　选择桥接工具

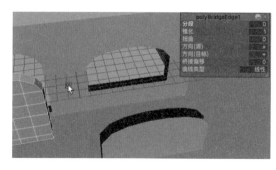

图5-28　补全模型中间的面

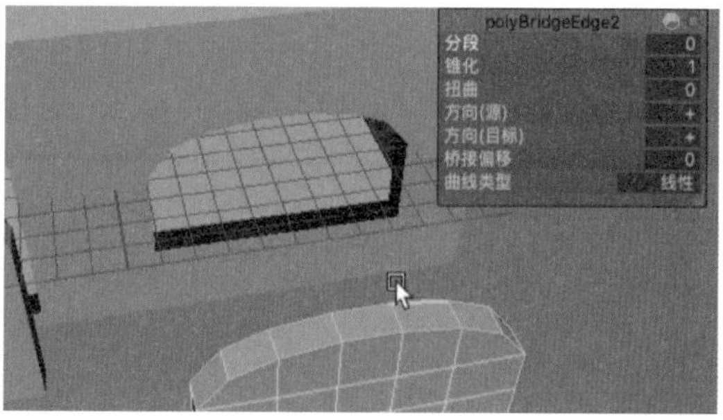

图5-29　补全另一个模型中间的面

选择这个多边形立方体,进入编辑面的模式,选择右侧的部分面,其中内侧也需要选中对应面(图5-30)。继续使用提取工具将选中的面进行提取后,重复上述操作,用移动工具(W)将提取出的两个面向右平移(图5-31)。点击网格模块中的结合,将两个面结合为一个模型后,进入编辑边的模式,双击全选两个面的外边框,用桥接工具将模型中间的面补全(图5-32)。

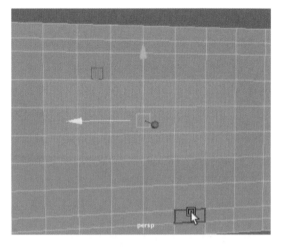

图5-30 选中内侧对应的面

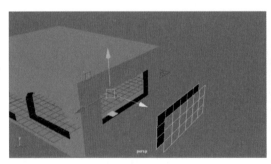

图5-31 将提取出的两个面向右平移

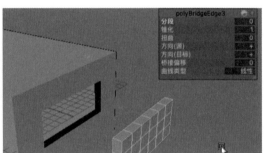

图5-32 用桥接工具将中间的面补全

选择所用模型,点击菜单栏中编辑模块中的按类型删除的历史,将所选模型的历史操作进行删除(图5-33)。防止模型后续的操作会被影响。

选择这个场景主体模型,进入编辑面的模式,选择顶端的所有面(图5-34),点击挤出工具后,切换缩放工具(R)将挤出的面进行缩放调整(图5-35)。继续点击挤出工具,拖动蓝色

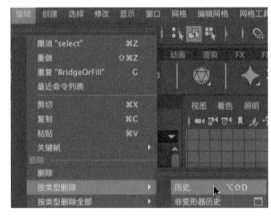

图5-33 删除模型历史记录

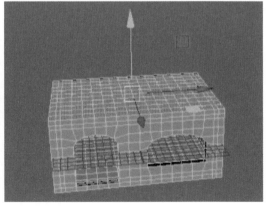

图5-34 选择顶端所有的面

箭头，将面进行向上挤出后，切换缩放工具（R）进行横向和纵向的放大调整（图5-36）。

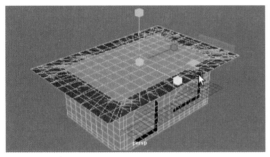

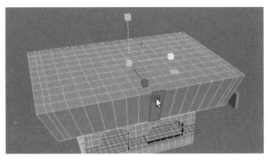

图5-35　挤出后用缩放工具放大　　　　　　　　　图5-36　继续向上挤出并缩放调整大小

进入编辑顶点的模式，在左视图中，选择上排对称顶点用移动工具（W）进行上下平移，调整模型造型（图5-37）。分别框选第二排左右两侧的顶点，用缩放工具（R）将对称的两个点横向拉长，将模型的顶点位置分布均匀（图5-38）。在右视图中，框选模型上半部分的中间两端顶点，用缩放工具（R）向内缩小顶点之间的距离，调整模型外侧的倾斜角度（图5-39）。

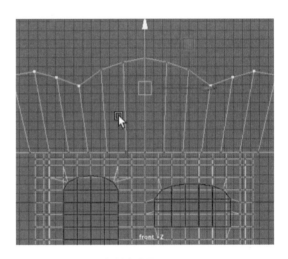

图5-37　调整顶点位置修改模型1

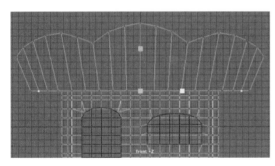

图5-38　调整顶点位置修改模型2

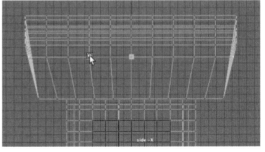

图5-39　调整模型外侧的倾斜角度

选择场景主体模型，点击菜单栏中网格工具下的插入循环边工具的右边参数方框，在工具设置面板中，选择多个循环边，循环边数为3（图5-40）。点击场景模型上半部分前面的纵向边，插入三条循环边（图5-41）。

图5-40 设置插入循环边参数

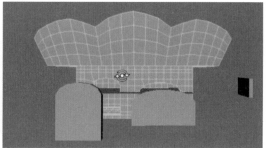

图5-41 插入三条循环边

进入编辑顶点的模式，在前视图中，框选模型上半部分中间的顶点（图5-42），用缩放工具（R）在透视图中向前拉长放大（图5-43），缩小中间框选的范围（图5-44），继续使用缩放工具（R）拉长放大（图5-45）。

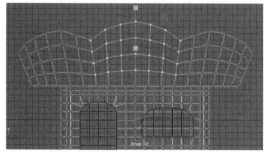

图5-42 框选模型上半部分中间的顶点

图5-43 用缩放工具向前拉长放大

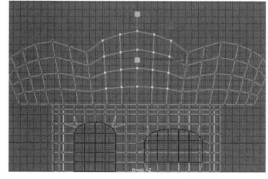

图5-44 缩小中间框选的范围

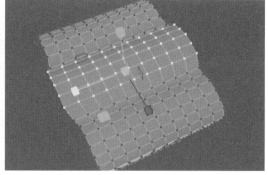

图5-45 拉长放大

继续重复上述操作，在前视图中，分别框选模型上半部分中间和两边的顶点，用缩放工具（R）进行拉长放大，调整模型上半部分的造型（图5-46）。

在透视图中，分别双击模型上半部分的三条循环边，用缩放工具（R）在透视图中向前端拉长顶点，调整模型前后两面的圆滑度（图5-47）。

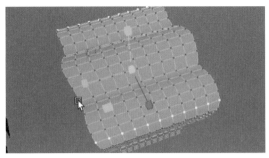

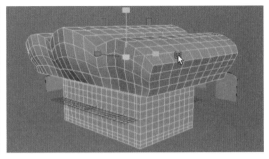

图5-46　调整模型上半部分的造型

图5-47　选择循环边调整模型外围

　　进入编辑顶点的模式，在前视图中，框选主模型上半部分第二排左右部分的顶点，用缩放工具（R）和移动工具（W）进行横向缩短和向下平移，调整模型造型（图5-48）。

　　进入编辑面的模式，在透视图中选择模型前端上半部分中间的面（图5-49），点击挤出工具，点击蓝色方块后将中间方块向左拖动，将挤出的面整体缩小（图5-50）。继续点击挤出工具，将蓝色箭头向内移动后，选择绿色箭头向下平移，调整向内挤出面的位置（图5-51）。

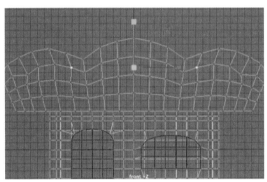

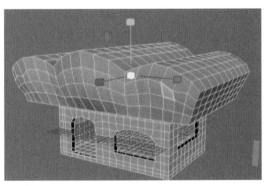

图5-48　调整顶点修改模型

图5-49　选择模型前端上半部分中间的面

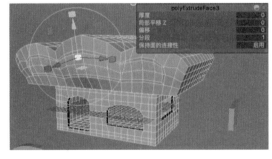

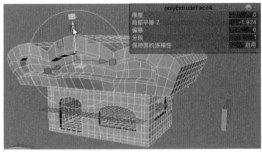

图5-50　挤出面并整体缩小

图5-51　向内挤出面的位置

　　选择场景主体模型，进入编辑顶点的模式，在前视图中，框选上半部分挤出的所有两边对称的顶点，用缩放工具（R）纵向拉长，调整模型前端挤出面的造型（图5-52）。

继续编辑顶点的模式，在右视图中，框选最右侧一排顶点（图5-53），用缩放工具（R）向右横向缩短顶点之间的距离在一条水平线上（图5-54）。用旋转工具（E）进行旋转，使其倾斜角度比之前略小（图5-55），切换移动工具（W）将右侧顶点向左平移，调整顶点位置（图5-56）。

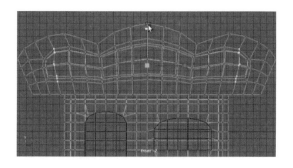

图5-52 缩放工具拉长顶点调整模型

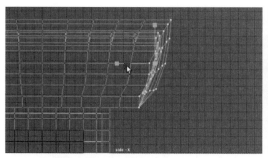

图5-53 框选最右侧一排顶点

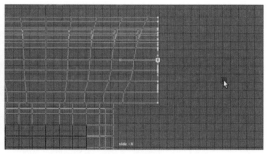

图5-54 缩放工具调整顶点垂直方向

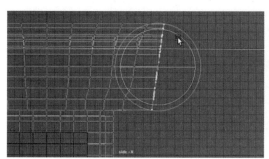

图5-55 旋转工具调整倾斜角度

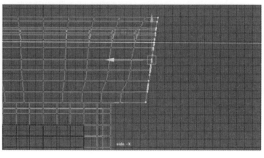

图5-56 移动工具修改位置

继续在右视图中，框选右侧第二列顶点，重复上述操作，用缩放工具（R）略微缩短顶点之间的距离，无须在同一水平线上（图5-57）。用移动工具（W）向左平移后，切换旋转工具（E）旋转为与左侧相同的角度（图5-58）。继续框选最右侧顶点，用移动工具（W）向左平移顶点，调整模型（图5-59）。

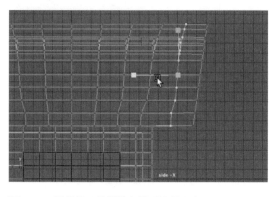

图5-57 用缩放工具调整竖排顶点的距离

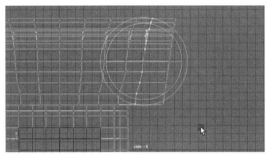
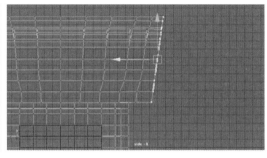

图5-58　用旋转工具调整顶点角度　　　　　　图5-59　用移动工具调整顶点位置

　　选择场景主体模型，进入编辑面的模式，在右视图中，分别框选模型下半部分左右两侧的内外两层面，用移动工具（W）分别将选中的面进行向左平移和向右平移，调整模型下半部分右侧面的整体宽度（图5-60）。继续编辑面的模式，重复上述操作，在前视图中框选左右两侧的内外两层面，用缩放工具（R）进行横向拉长，调整造型宽度（图5-61）。

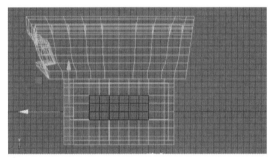
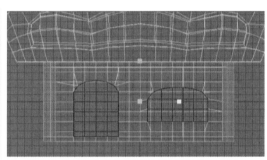

图5-60　调整模型下半部分右侧面的整体宽度　　图5-61　用缩放工具调整造型宽度

　　继续编辑面的模式，选择模型上半部分向内挤出的面，用移动工具（W）向外移动，调整结构造型（图5-62）。

　　选择场景模型右侧提取出的模型，进入编辑对象的模式，用移动工具（W）和旋转工具（E）调整模型的位置和倾斜角度（图5-63）。

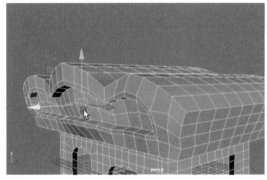
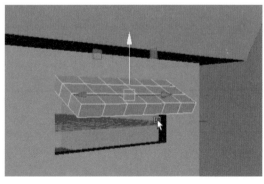

图5-62　编辑面调整结构造型　　　　　　　　图5-63　调整模型的位置和倾斜角度

选择前端提取出的模型，进入编辑面的模式，选择侧面一圈的面，其中不包括底部的面，点击挤出工具，再点击蓝色方块，将中间方块向右拖动，使挤出的面整体放大（图5-64）。再次点击挤出工具，将蓝色箭头向外拖动，使面进行向外挤出（图5-65）。进入编辑顶点的模式，在前视图中，框选模型底部突出的顶点，用移动工具（W）将其向上平移至与模型齐平，将模型底部调整至同一水平线（图5-66）。

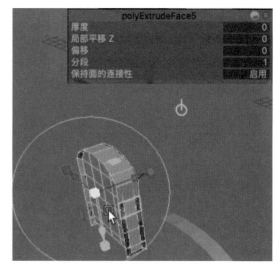

图5-64　挤出选中的面并放大

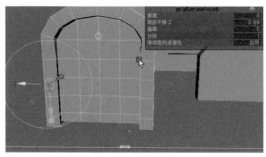

图5-65　向外挤出并调整模型

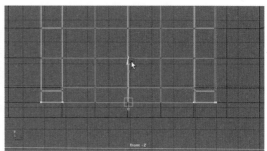

图5-66　调整模型底部至同一水平线

选择场景主体模型，进入编辑边的模式，分别双击全选缺失面中对应的两条边框，点击桥接，将模型中间的面补全（图5-67）。重复上述操作，将模型右侧面桥接补全（图5-68）。

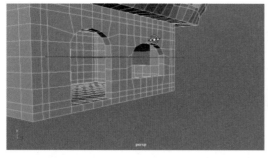

图5-67　桥接工具补全中间的面

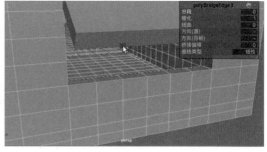

图5-68　桥接工具补全右侧的面

继续选择场景主体模型，进入编辑面的模式，选择模型底端的面，点击挤出工具后，切换缩放工具（R）将挤出的面放大（图5-69）。继续点击挤出工具，将面向下平移挤出后，用缩放工具（R）将挤出的面整体放大（图5-70）。进入编辑顶点的模式，在右视图中，框选模型底端右侧两列顶点，用移动工具（W）向左平移，调整模型局部造型（图5-71）。

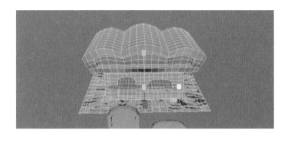

图5-69　选择底端的面挤出并放大

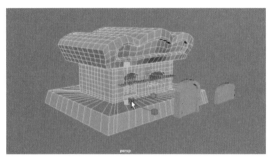

图5-70　再次向下挤出并放大

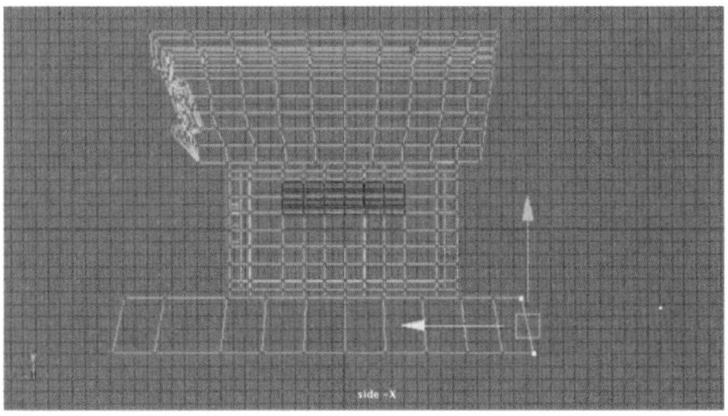

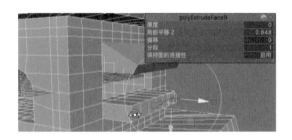

图5-71　调整模型局部造型

进入编辑面的模式，选择场景主体模型右侧窗口下的一排面，点击挤出工具，选择蓝色箭头向右移动，将面向外挤出（图5-72）。

图5-72　选中相应的面并向外挤出

进入编辑边的模式，双击全选场景主体模型前端门框的两条外边框，用缩放工具（R）进行纵向和横向的放大调整（图5-73）。进入编辑顶点的模式，在前视图中选择门框的顶点，用移动工具（W）进行平移调整，使门框的顶点位置与门的模型相匹配（图5-74）。

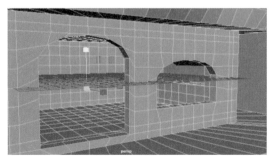

图5-73　选择模型前端门框的两条外边框并调整造型

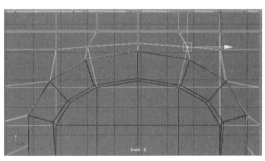

图5-74　移动顶点调整模型局部

进入编辑面的模式，选择主模型门框内侧边，点击挤出工具后，切换缩放工具（R）将面横向挤出（图5-75）。继续点击挤出工具，切换缩放工具（R）进行横向和纵向的缩小，将面进行向内缩小挤出后，向前拖动方块，使挤出的面略微凸出门框（图5-76）。进入编辑边的模式，选择挤出后门框底端的两侧的边，用移动工具（W）向下平移，调整门框底面与地板水平面一致（图5-77）。

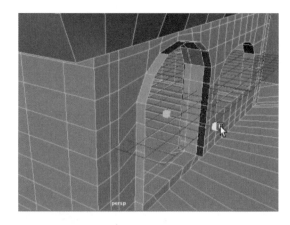

图5-75　选中面并向外挤出

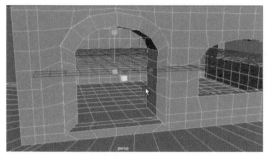

图5-76　继续挤出并调整至略凸出门框的造型

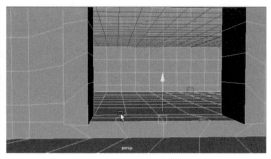

图5-77　调整底部至同一水平线

选择场景主体模型前端提取出的门的模型，进入编辑边的模式，双击全选门框内侧的边，其中前后两面都需要选中，用缩放工具（R）向前拖动，使内侧边略突出于外框，调整门的造型（图5-78）。选择门的模型，进入编辑对象的模式，用移动工具（W）和缩放工具（R）调整模型门与场景主模型的位置关系和大小比例（图5-79）。进入编辑顶点的模式，在前视图中依次框选门的模型外层顶点，用移动工具（W）进行平移调整，使其与场景主模型的门框造型更加贴合（图5-80）。

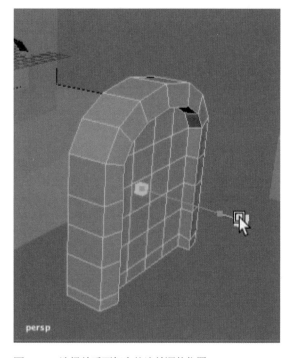

图5-78　选择前后面相应的边并调整位置

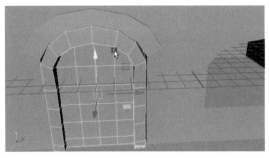

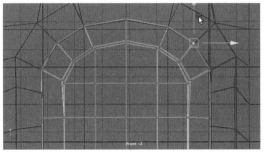

图5-79　调整模型门与场景主模型的位置关系和大小比例　图5-80　局部调整门的造型使其契合房屋模型门框造型

　　选择场景主体模型前端提取出的窗户的模型，进入编辑面的模式，重复上述操作，选择外层的面，点击挤出工具后，切换缩放工具（R）向前拖动进行挤出（图5-81）。再次点击挤出工具，切换缩放工具（R）整体放大挤出的面后，将蓝色方块向后拖动，使挤出的外层面缩窄，调整窗框造型（图5-82）。选择窗户模型，进入编辑对象的模式，用移动工具（W）进行平移，调整窗户模型与场景主模型的位置关系（图5-83）。

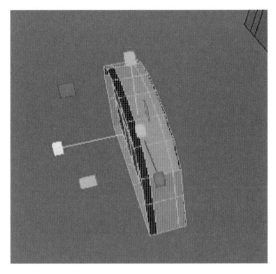

图5-81　选择窗户模型进行挤出调整

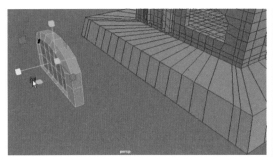

图5-82　再次挤出并用缩放工具调整挤出造型

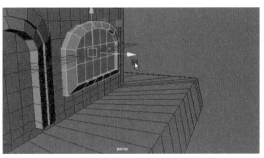

图5-83　调整窗户模型位置

　　选择场景主体模型，进入编辑面的模式，选择模型顶端的部分面，点击挤出工具，向外拖动蓝色箭头，将面向外挤出，塑造场景模型的造型（图5-84）。

　　点击菜单栏中创建命令模块中的类型，进行文字模型创建（图5-85）。属性编辑器的type1中第一排左侧参数框可设置文字字体，第二排为文本编辑框，可在其中进行文本内容编辑。以下设置可调整对齐方式、字体大小、字距微调比例等（图5-86）。

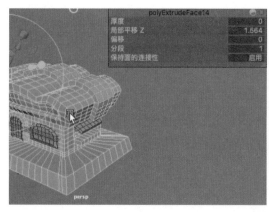

图5-84 挤出房屋顶部模型

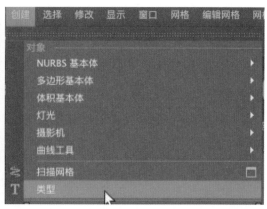

图5-85 创建文字模型

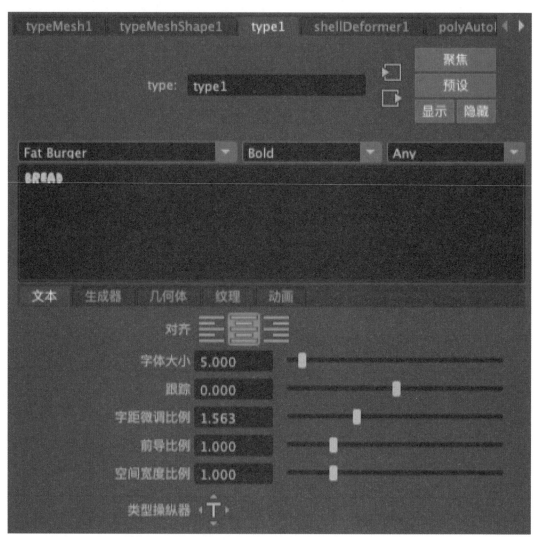

图5-86 设置文字模型参数

选择创建好的文字模型，用移动工具（W）和旋转工具（E）调整文字模型的位置和倾斜角度，与场景主体模型造型相符合（图5-87）。选择文字模型，进入编辑顶点的模式，分别框选每个文字的所有顶点，用移动工具（W）和旋转工具（E）调整每个文字的位置和角度，以符合场景模型的整体造型（图5-88）。

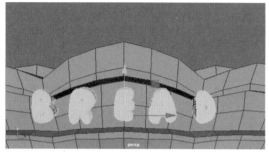

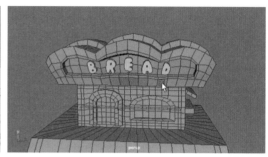

图5-87　调整文字模型的位置与角度

图5-88　逐个调整文字的位置与角度

框选所有模型，用移动工具（W）整体向后移动，预留出后续新建基本体的位置（图5-89）。

在视图中间创建一个多边形圆柱体（图5-90）。

在通道盒的输入（polyCylinder1）中将轴向细分数设置为12（图5-91）。

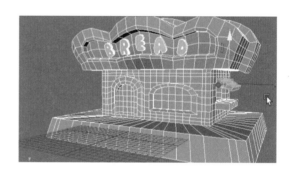

图5-89　移动模型位置

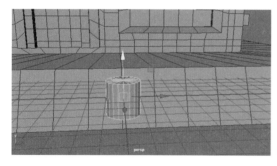

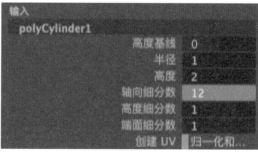

图5-90　创建多边形圆柱体

图5-91　修改模型细分数

选择这个多边形圆柱体，进入编辑面的模式，选择上端圆面，点击挤出工具，将挤出的面进行整体放大（图5-92）。继续点击挤出工具，向上拖动箭头，将面向上挤出（图5-93）。再次点击挤出工具，整体缩小挤出的面，其中缩小后的面积需要比圆柱体本身的圆面要小（图5-94）。继续点击挤出工具，向下拖动箭头，将面进行向下挤出，调整出模型造型（图5-95）。

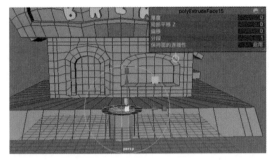

图5-92　挤出圆柱体顶端面并放大　　　　　　图5-93　将面向上挤出

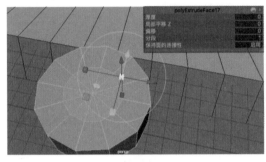
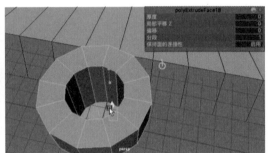

图5-94　再次挤出并调整模型　　　　　　图5-95　再次向内挤出并调整模型

　　选择调整好的多边形圆柱体，进入编辑对象的模式，用移动工具（W）进行移动，调整至场景主体模型上方的左侧位置（图5-96）。

　　在视图中间创建一个多边形立方体（图5-97）。

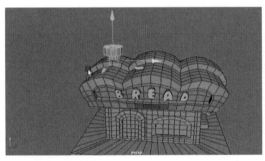
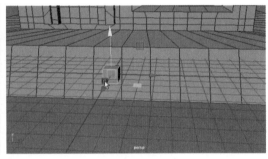

图5-96　移动模型到指定位置　　　　　　图5-97　创建一个多边形立方体

　　选择这个多边形立方体，用缩放工具（R）调整模型的造型比例（图5-98）。

　　在通道盒的输入（polyCube1）中将细分宽度设置为6，高度细分数设置为6，深度细分数设置为3（图5-99）。

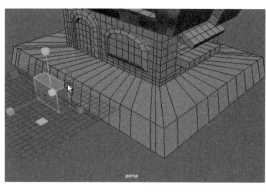

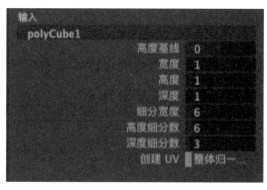

图5-98 调整立方体造型与比例　　　　　　　　　图5-99 修改模型细分数

　　继续选择这个立方体，进入编辑面的模式，框选立方体中间的面，其中前后两面都需要框选，点击挤出工具，向内拖动蓝色箭头，将面向内挤出（图5-100）。

　　选择这个多边形立方体，进入编辑面的模式，选择右侧中间的两个面，点击挤出工具，向左拖动箭头，将面向左挤出（图5-101）。

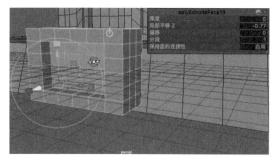

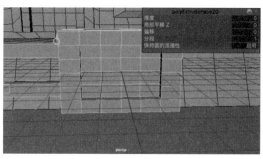

图5-100 挤出相应面并调整模型　　　　　　　　　图5-101 再次挤出面并调整模型

　　继续选择这个立方体，进入编辑顶点的模式，在顶视图中用缩放工具（R）将模型整体纵向缩窄后，进行横向拉长调整比例。框选左侧顶点，用移动工具（W）向左移动，调整造型（图5-102）。进入编辑对象的模式，用移动工具（W）将立方体移动至主体模型上方的右侧面，进入编辑顶点的模式，框选左侧顶底向左移动，使模型能够插入主体模型中（图5-103）。

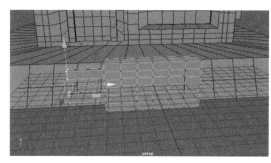

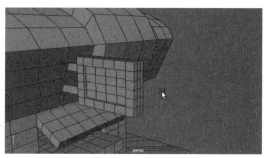

图5-102 编辑顶点调整模型　　　　　　　　　图5-103 移动模型位置

选择场景主体模型右侧的遮阳帘模型，进入编辑对象的模式，用缩放工具（R），将模型厚度整体缩小（图5-104）。

选择门的模型，用移动工具（W）将模型向前平移。在视图中间创建一个多边形立方体（图5-105）。

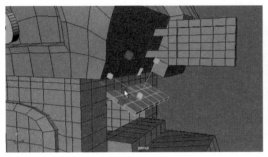

图5-104　缩小调整遮阳帘模型

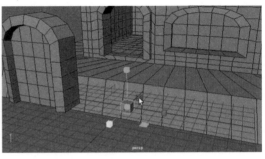

图5-105　移动门的模型并创建一个多边形立方体

选择这个多边形立方体，用缩放工具（R）根据门的模型结构，调整立方体长宽高的比例（图5-106）。用移动工具（W）将立方体移动至门的中心位置后，继续用缩放工具（R）进行造型调整（图5-107）。继续选择立方体，用快捷键"Ctrl+D"，将这个多边形立方体进行复制，用旋转工具（E）将复制出来的立方体朝其z轴方向旋转90°，切换缩放工具（R）横向缩短，以符合门的造型结构（图5-108）。

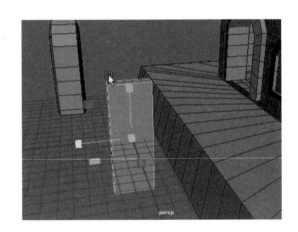

图5-106　调整立方体模型的比例

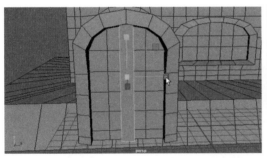

图5-107　移动模型位置

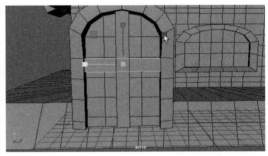

图5-108　复制并旋转这个立方体

选择门的模型和这两个多边形立方体，快捷键"Ctrl+G"将所选模型进行打组后，点击菜单栏中修改模块的中心枢纽，将这组模型的枢纽修改为模型的中间位置（图5-109）。

选择这个门的模型组，按住键盘中的"D"键，向左移动箭头，调整模型组的移动坐标轴至模型左侧，以符合门在运动时的轴向（图5-110）。调整好移动坐标轴后，继续按住键盘中的"D"键，退出调整坐标轴的模式，选择门的模型组，用移动工具（W）和旋转工具（E）调整模型组的位置和旋转角度为开门的状态，用缩放工具（R）将模型组整体厚度缩小，调整门的位置与角度（图5-111）。

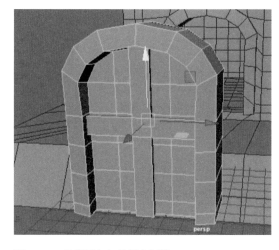

图5-109 给模型打组并居中枢轴

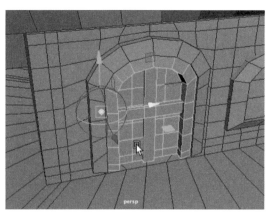

图5-110 调整模型组的移动坐标轴位置

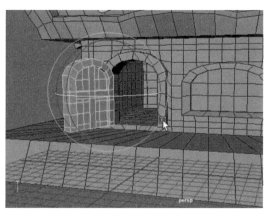

图5-111 调整门的位置与角度

选择窗户模型，用移动工具（W）将模型向前平移，方便调整模型造型。在视图中间创建一个多边形立方体（图5-112）。

选择这个立方体，用移动工具（W）和缩放工具（R）调整模型位置和造型比例（图5-113），选择窗户模型，进入编辑面的模式，框选中间两侧的面用缩放工具（R）向内缩放，缩小模型中间面之间的厚度（图5-114）。

图5-112 新建一个多边形立方体

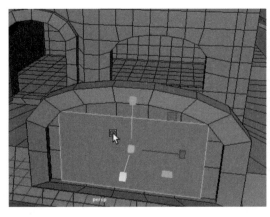

图5-113　调整立方体位置和造型比例

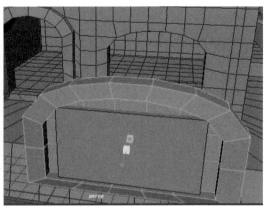

图5-114　缩小窗户模型中间面之间的厚度

　　选择这个多边形立方体，进入编辑面的模式，框选立方体前后两侧的面，点击挤出工具，将挤出的面缩小后向下平移，使挤出面的底面与立方体底面在相同水平面上（图5-115）。删除挤出的面和多边形底面，进入编辑边的模式，选择相对应的两条边，点击菜单栏编辑网格中的桥接命令，将立方体内侧中间缺失的面桥接补全（图5-116）。

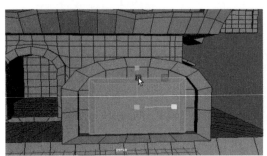

图5-115　挤出两侧的面并调整位置

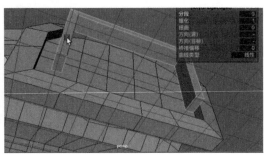

图5-116　删除面并桥接模型

　　继续选择立方体，进入编辑面的模式，选择左右两侧面，点击挤出工具，将挤出的面纵向缩小（图5-117）。继续点击挤出工具，将蓝色箭头向外拖动，使挤出的面向外挤出，插入窗户模型中（图5-118）。选择模型上端面，重复上述操作，点击挤出工具，将挤出面进行横向缩小后，再次点击挤出工具，向上拖动箭头，将面进行向上挤出，插入窗户模型中（图5-119）。

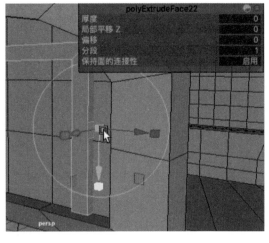

图5-117　挤出两边的面并缩小

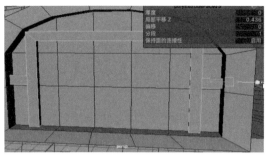

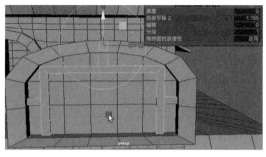

图5-118 将面向两端挤出 图5-119 顶部再制作出挤出的面

选择窗口模型和这个多边形立方体，快捷键"Ctrl+G"将所选模型进行打组后，点击菜单栏中修改模块的中心枢纽，将这组模型的枢纽修改为模型的中间位置（图5-120）。

选择窗口模型组，用移动工具（W）平移至场景主模型所需的窗户位置（图5-121）。

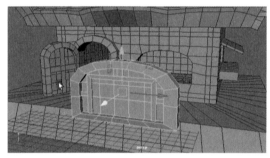

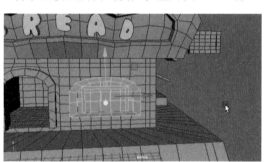

图5-120 将模型打组并居中枢轴 图5-121 移动窗户模型的位置

在视图中间创建一个多边形立方体（图5-122）。进入编辑对象的模式，用移动工具（W）和缩放工具（R）调整模型位置和造型比例（图5-123）。

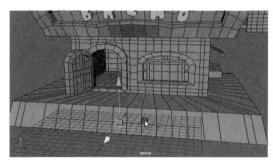

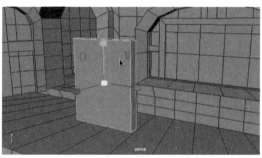

图5-122 新建多边形立方体 图5-123 调整造型与比例

选择这个多边形立方体，进入编辑面的模式，选择前端的面，点击挤出工具，将挤出的面进行整体缩小后，再次点击挤出工具，将蓝色箭头向内拖动，使面向内挤出（图5-124）。

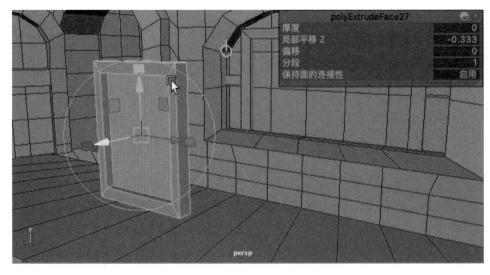

图5-124　挤出工具制作凹陷造型

　　选择立方体，用移动工具（W）和旋转工具（E）调整模型位置和旋转角度。进入编辑面的模式，选择立方体后侧的面，点击挤出工具，进行纵向缩小后，向上拖动绿色箭头，调整挤出面的位置（图5-125）。继续点击挤出工具，将蓝色箭头向外拖动，使面向外挤出后，切换移动工具（W）和旋转工具（E）调整挤出面的位置和旋转角度（图5-126）。选择这个模型，切换移动工具（W），选择右侧工具栏中的建模工具包，点击移动设置下方的三角形参数选项，选择世界，编辑移动枢纽（图5-127）。用移动工具（W）和旋转工具（R）调整模型位置和造型（图5-128）。

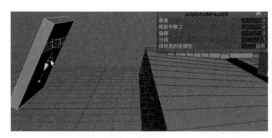

图5-125　挤出背面的面并调整位置

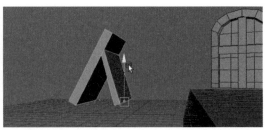

图5-126　向下挤出造型

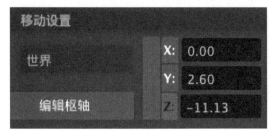

图5-127　调整移动设置参数选项

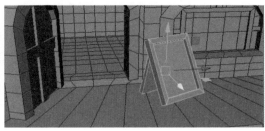

图5-128　调整模型位置和造型

在视图中间创建一个多边形圆柱
体（图5-129）。在通道盒的输入
（polyCylinder2）中将轴向细分数设置为
12。用移动工具（W）和缩放工具（R）
调整模型位置和造型（图5-130）。选择
这个圆柱体，用快捷键"Ctrl+D"将这
个圆柱体进行复制，将复制出的模型分
别进行位置和造型调整，使三个模型为
依次放大增高的造型（图5-131）。

图5-129 新建多边形圆柱体

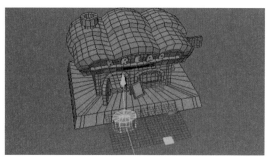

图5-130 调整位置与造型

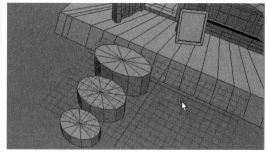

图5-131 复制两个模型并调整大小

在视图中间创建一个多边形圆盘。
用移动工具（W）和缩放工具（R）调
整模型位置和造型（图5-132）。点击挤
出工具，向上拖动箭头，将面向上挤出
（图5-133）。用移动工具（W）向下平
移，继续调整圆盘位置，与场景主模型
相匹配（图5-134）。

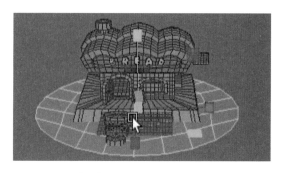

图5-132 创建一个多边形圆盘并调整位置与造型

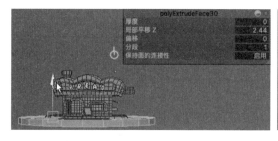

图5-133 挤出工具调整圆盘造型

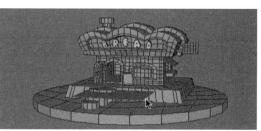

图5-134 调整圆盘底座位置

选择这个多边形圆盘，快捷键"Ctrl+D"将这个圆盘进行复制。用移动工具（W）和缩放工具（R）调整复制出的模型位置和造型（图5-135）。选择这两个圆盘模型，点击菜单栏中网格模块中的结合，将两个模型结合为一个模型（图5-136）。

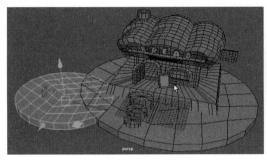
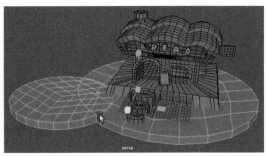

图5-135 复制圆盘并调整位置　　　　　　　图5-136 结合两个圆盘模型

第二节　场景细节建模

在视图中间创建一个多边形圆柱体。在通道盒的输入（polyCylinder3）中将轴向细分数设置为12。用移动工具（W）和缩放工具（R）调整模型位置和造型（图5-137）。进入编辑顶点的模式，在前视图中，框选圆柱体底端的所有顶点，用缩放工具（R）整体缩小，调整圆柱体为上宽下窄的造型。继续框选上端顶点，用移动工具（W）向下平移，调整圆柱体的高度（图5-138）。

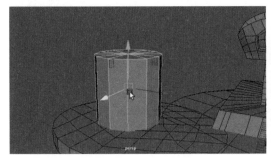
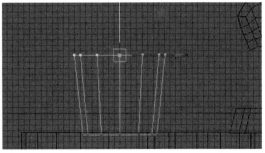

图5-137 创建多边圆柱体并调整细分数　　　图5-138 调整圆柱体高度

继续选择这个多边形圆柱体，进入编辑面的模式，选择圆柱体上端圆面，点击挤出工具，将挤出的面进行整体放大后，继续点击挤出工具，向上拖动箭头，将面向上挤出，并略微缩小挤出的面（图5-139）。继续选择挤出的面，重复上述操作，点击挤出工具，将新挤出的面整体缩小后，再次点击挤出工具，将面向上挤出后整体缩小（图5-140）。

进入编辑顶点的模式，在前视图中，框选第一层挤出面的顶点，用移动工具（W）向下

图5-139　挤出工具制作上端面造型

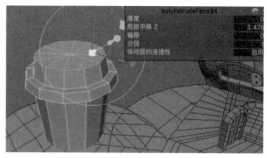
图5-140　继续挤出调整造型

平移，调整模型上端盖子造型的厚度（图5-141）。继续框选模型底部的顶点，用缩放工具（R）略微整体放大，调整模型倾斜角度。继续框选模型上端顶点，用移动工具（W）向上平移，调整模型高度（图5-142）。

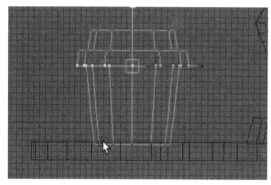
图5-141　编辑顶点制作模型上端盖子造型的厚度

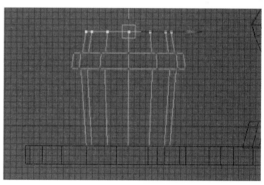
图5-142　继续调整顶部和底部顶点位置

在视图中间创建一个多边形圆柱体。在通道盒的输入（polyCylinder4）中将轴向细分数设置为12。用移动工具（W）和缩放工具（R）调整模型位置和造型（图5-143）。进入编辑顶点的模式，框选圆柱体上端顶点，用缩放工具（R）将上端面整体缩小，调整模型造型（图5-144）。

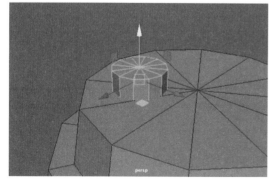
图5-143　新建多边形圆柱体并调整细分数

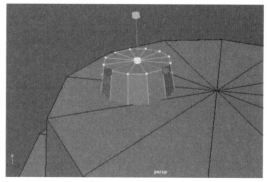
图5-144　编辑顶点修改造型

选择这个圆柱体，进入编辑面的模式，选择上端圆面，点击挤出工具，将挤出的面整体缩小后，继续点击挤出工具，向下拖动箭头，将面向下挤出后再略微缩小（图5-145）。

在视图中间创建一个多边形圆柱体。在通道盒的输入（polyCylinder5）

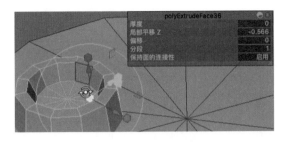

图5-145 选择上端圆面并向内挤出造型

中将轴向细分数设置为12，高度细分数设置为4。用移动工具（W）和缩放工具（R）调整模型位置和造型（图5-146）。进入编辑面的模式，选择模型上端面，点击挤出工具，将挤出的面旋转后向外拖动箭头，进行造型调整（图5-147）。重复上述操作，点击挤出工具，继续旋转拖动挤出的面，并切换缩放工具（R）放大进行造型调整（图5-148），继续选择这个模型，进入编辑对象的模式，用移动工具（W）向下移动，调整模型的位置（图5-149）。

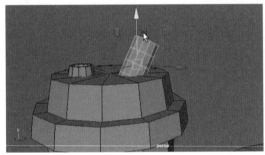

图5-146 新建多边形圆柱体并调整细分数

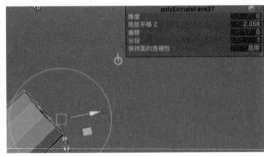

图5-147 选择顶部的面挤出并调整角度

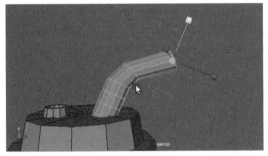

图5-148 继续挤出制作吸管造型

图5-149 调整模型位置

选择饮料模型，点击菜单栏中网格工具下的插入循环边工具，在模型中间部分插入一条横向循环边（图5-150）。进入编辑面的模式，选择模型部分侧面，点击挤出工具，将挤出的面整体缩小后，继续点击挤出工具，将蓝色箭头向内拖动，将面向内挤出（图5-151）。

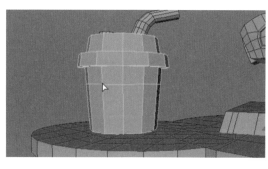

图5-150 给杯子模型插入循环边

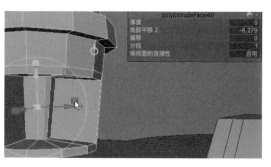

图5-151 选中面向内挤出杯子造型

继续选择挤出的面，进行删除。进入编辑顶点的模式，在顶视图中，分别框选删除面对应的上下两点，用移动工具（W）进行上下平移，使顶点的位置分布更加均匀合理（图5-152）。进入编辑边的模式，选择上下相对应的边，点击菜单栏编辑网格中的桥接命令，将内侧缺失的面桥接补全（图5-153）。

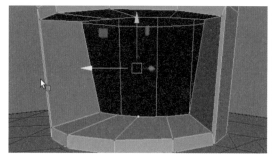

图5-152 删除面并编辑顶点调整结构造型

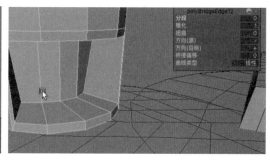

图5-153 用桥接工具补全缺失的面

选择饮料模型，进入编辑顶点的模式，在前视图中分别框选挤出面的上下顶点，用缩放工具（R）将顶点缩放至同一水平线上后，切换移动工具（W）进行上下平移调整，其中需要与相对应的右侧顶点齐平（图5-154）。继续在前视图中框选模型中间部分的所有顶点，用移动工具（W）向上平移，调整模型挤出面的位置（图5-155）。进入编辑边的模式，分别选择挤出面的三条纵向边，用移动工具（W）向内移动调整挤出后的模型空间（图5-156）。

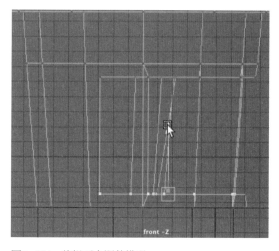

图5-154 编辑顶点调整模型

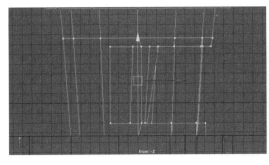

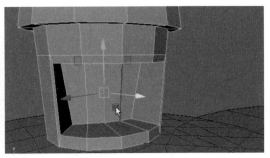

图5-155 调整模型挤出面的位置　　　　　图5-156 编辑边调整模型

在视图中间创建一个多边形圆柱体。在通道盒的输入（polyCylinder6）中将轴向细分数设置为12。用移动工具（W）和缩放工具（R）调整模型位置和造型（图5-157）。进入编辑顶点的模式，框选圆柱体上端所有顶点，用缩放工具（R）进行整体放大（图5-158）。进入编辑面的模式，选择模型下端圆面，用移动工具（W）向上移动调整后，点击挤出工具，将挤出的面向下挤出并整体放大（图5-159）。点击菜单栏中网格工具下的插入循环边工具，在模型侧面靠上端插入一条横向循环边，用缩放工具（R）将这条循环边整体放大（图5-160）。

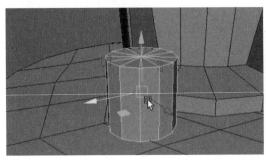

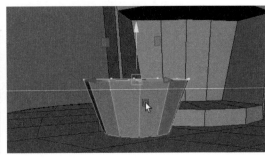

图5-157 创建一个多边形圆柱体并调整细分数　　　图5-158 编辑顶点调整造型

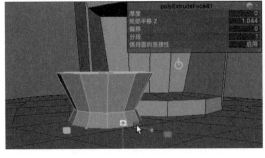

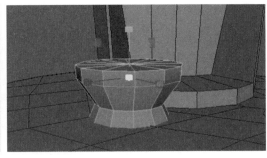

图5-159 选择模型下端圆面调整造型位置并向下挤出　　图5-160 插入循环边调整造型

选择这个圆柱体，点击键盘中的"3"，将模型调整为圆滑显示的状态，快捷键"Ctrl+D"复制出两个模型，用移动工具（W）和缩放工具（R）分别调整模型位置和造型。其中右侧的模型较高，左侧的模型较小，使模型之间有造型变化（图5-161）。

选择场景主体模型中的宣传牌模型，快捷键"Ctrl+D"进行模型复制后，选择复制出的模型，用缩放工具（R）进行整体放大，切换移动工具（W）和旋转工具（E）进行模型位置和旋转角度的调整，以移动设置中的轴方向为对象（图5-162）。

在视图中间创建一个多边形圆柱体。在通道盒的输入（polyCylinder7）中将轴向细分数设置为12。用旋转工具（E）将其朝x轴方向旋转90°，用移动工具（W）和缩放工具（R）调整模型位置和造型（图5-163）。进入编辑面的模式，选择圆柱体外侧的圆面，点击挤出工具，将挤出的面进行整体缩小后，继续点击挤出工具，向外拖动蓝色箭头，将面向外挤出（图5-164）。

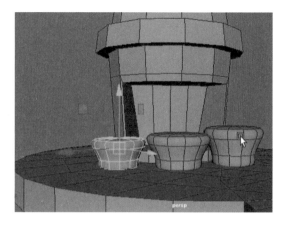

图5-161 复制圆滑显示的模型并调整大小

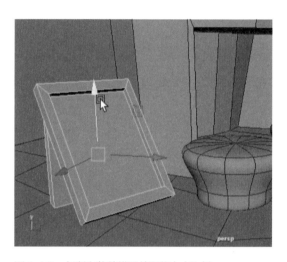

图5-162 复制宣传牌模型并调整大小比例

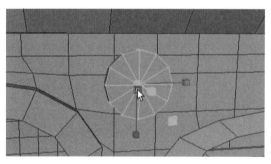

图5-163 创建多边形圆柱体并调整细分数

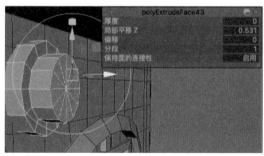

图5-164 挤出工具制作造型1

继续选择挤出的面，重复上述操作，点击挤出工具，将面进行整体缩小后，再次点击挤出工具，将面向外挤出（图5-165）。继续点击挤出工具，旋转挤出的面后，向外拖动调整面的位置，重复挤出调整操作，塑造模型的造型（图5-166）。继续重复操作，调整模型的造型，其中如果想调整挤出的造型，可进入编辑边的模式，选择需要调整的边，在右视图中，用移动工具（W）、旋转工具（E）和缩放工具（R）进行造型的细节调整（图5-167）。

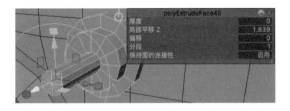

图5-165　挤出工具制作造型2

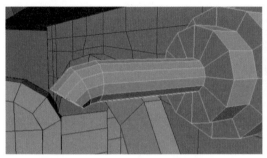

图5-166　继续用挤出工具挤出和旋转模型

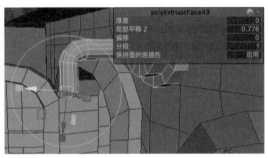

图5-167　挤出和旋转工具调整模型

继续选择挤出的面，在右视图中，用缩放工具（R）纵向缩放为横向的水平面（图5-168）。进入编辑边的模式，选择挤出长管的右侧的边，用缩放工具（R）进行整体缩小（图5-169）。进入编辑顶点的模式，在右视图中框选长管其他的所有顶点，用缩放工具（R）进行整体缩小，其宽度与右侧一致，切换移动工具（W）向右和向上平移，与右侧顶点在同一水平线上（图5-170）。

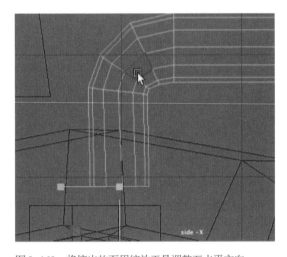

图5-168　将挤出的面用缩放工具调整至水平方向

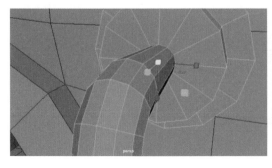

图5-169　缩放工具调整局部造型

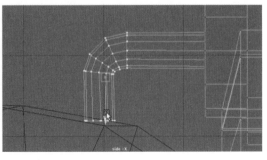

图5-170　编辑顶点调整模型

在视图中间创建一个多边形圆柱体。在通道盒的输入（polyCylinder8）中将轴向细分数设置为12，高度细分数设置为6，端面细分数设置为4。用移动工具（W）和缩放工具（R）调整模型位置和造型（图5-171）。进入编辑边的模式，在前视图中，分别双击全选模型每层的横向边，用缩放工具（R）将边进行整体缩放，调整模型造型（图5-172）。

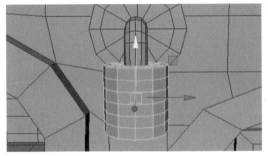

图5-171　新建多边形圆柱体并调整细分数

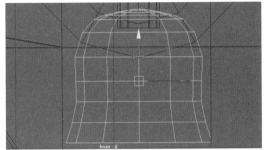

图5-172　编辑边调整模型造型

进入编辑面的模式，选择模型底端的圆面，点击挤出工具，根据模型每层的弯曲程度进行向内的挤出缩放调整（图5-173），选择模型内层最小的一圈面，点击挤出工具，将面向下挤出，其中挤出的面不低于模型本身的底面（图5-174）。在前视图中，继续选择挤出的面，用挤出工具将铃铛内部的铜珠造型挤出（图5-175），进入编辑边的模式，继续在前视图中选择铜珠的边，用移动工具（W）向上平移，调整铃铛造型（图5-176）。

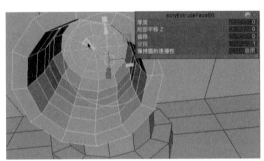

图5-173　向内挤出模型

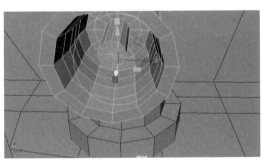

图5-174　挤出制作模型

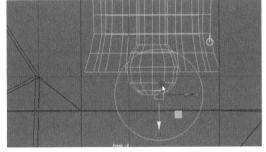

图5-175　反复用挤出工具制作铃铛内部的铜珠造型

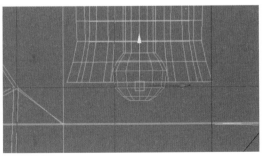

图5-176　编辑边调整铃铛造型

在视图中间创建一个多边形圆柱体。在通道盒的输入（polyCylinder9）中将轴向细分数设置为12。用缩放工具（R）调整模型造型比例（图5-177）。进入编辑面的模式，选择上下两端的圆面，点击挤出工具，使面整体放大挤出后，继续点击挤出工具，将蓝色箭头向外移动，将面向外挤出调整（图5-178）。

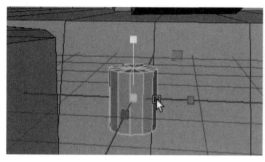

图5-177 新建多边形圆柱体并调整细分数

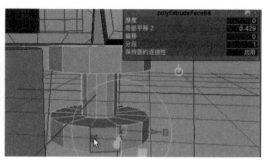

图5-178 挤出工具制作造型

继续选择这个圆柱体，进入编辑边的模式，双击全选模型下端挤出面的两条横向边，用缩放工具（R）整体缩小后，进行纵向拉长调整，使下端面的高度与之前一致（图5-179）。进入编辑面的模式，选择模型上端的圆面，用缩放工具（R）整体放大后，切换移动工具（W）向上平移，调整模型造型（图5-180），选择这个模型，进入编辑对象的模式，用移动工具（W）和缩放工具（R）调整模型位置和造型（图5-181）。继续选择这个模型，快捷键"Ctrl+D"复制出两个相同模型后，用移动工具（W）分别调整模型的位置（图5-182）。

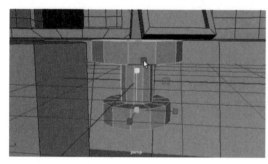

图5-179 编辑边调整下端模型大小

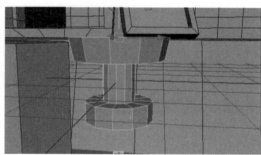

图5-180 调整顶端造型

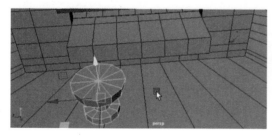

图5-181 调整模型大小与位置

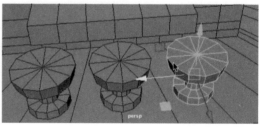

图5-182 复制相同模型

在视图中间创建一个多边形圆柱体。在通道盒的输入（polyCylinder10）中将轴向细分数设置为12（图5-183）。进入编辑顶点的模式，框选模型上端所有顶点，用缩放工具（R）将上端圆面整体放大后，进入编辑对象的模式，将模型纵向拉长，调整造型比例（图5-184）。

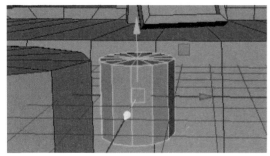

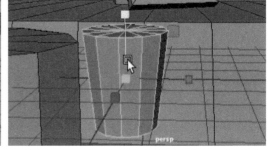

图5-183　新建多边形圆柱体并调整细分数　　　　图5-184　编辑顶点调整圆柱体造型

选择这个圆柱体，进入编辑面的模式，选择上端圆面，点击挤出工具，将挤出的面进行整体放大后，继续点击挤出工具，将蓝色箭头向上拖动，使面调整为向上挤出（图5-185）。点击菜单栏中网格工具下的插入循环边工具，在模型侧面插入两条横向循环边。进入编辑面的模式，框选循环边中间的一圈侧面，点击挤出工具，将蓝色箭头向外拖动，使面向外挤出（图5-186）。进入编辑面的模式，选择模型上端圆面，用缩放工具（R）整体缩小后，切换移动工具（W）向上平移，调整造型。继续选择这个模型，进入编辑对象的模式，用移动工具（W）向后平移，预留出后续新建基本体的位置（图5-187）。

在视图中间创建一个多边形圆柱体。在通道盒的输入（polyCylinder11）中将轴向细分数设置为12。用移动工具（W）、旋转工具（E）

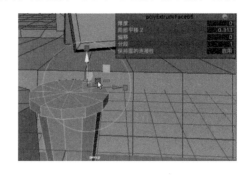

图5-185　挤出工具制作造型

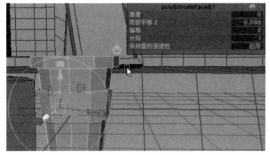

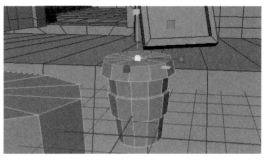

图5-186　添加循环边并制作中间部分挤出造型　　　图5-187　制作顶部造型

和缩放工具（R）调整模型的位置，旋转角度和造型比例（图5-188）。选择这个多边形圆柱体和纸杯模型，快捷键"Ctrl+G"将所选模型进行打组后，点击菜单栏中修改命令模块中的中心枢纽，将这个模型组的控制枢纽调整至中间位置（图5-189）。

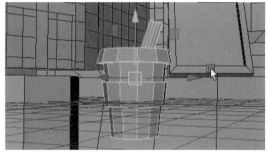

图5-188　新建多边形圆柱体并调整细分数和位置比例　　图5-189　打组吸管和杯子模型并居中枢轴

选择这个模型组，用移动工具（W）、旋转工具（E）和缩放工具（R）调整这组模型的整体位置、旋转角度和造型比例（图5-190）。继续选择这个纸杯模型组，快捷键"Ctrl+D"复制出多个相同模型后，用移动工具（W）和旋转工具（E）分别调整模型的位置和旋转角度（图5-191）。

图5-190　调整模型位置与比例　　　　　　　　　图5-191　复制多个杯子吸管模型

在视图中间创建一个多边形立方体。用缩放工具（R）进行横向拉长，调整模型比例（图5-192）。进入编辑顶点的模式，框选立方体上端顶点，用缩放工具（R）向后缩短顶点距离后，切换移动工具（W），将顶点向后平移调整（图5-193）。进入编辑面的模式，选择模型上端面，点击挤出工具，将上端面进行缩小挤出后，继续点击挤出工具，向下拖动箭头，使面向下挤出。进入编辑对象的模式，用移动工具（W）将模型向后移动（图5-194）。

在视图中间创建一个多边形立方体。

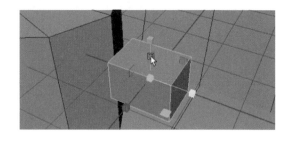

图5-192　新建多边形立方体并调整比例

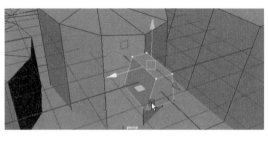

图5-193　编辑顶点修改模型造型

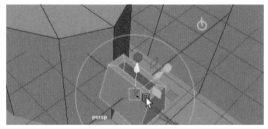

图5-194　用挤出工具制作造型

用缩放工具（R）调整模型比例后，用移动工具（W）移动至后方模型中挤出的位置，切换旋转工具（E），根据挤出的空位调整立方体的倾斜角度（图5-195）。选择这两个模型，用缩放工具横向拉长，调整两个模型的造型比例。快捷键"Ctrl+G"将所选的两个模型进行打组后，点击菜单栏中修改命令模块中的枢纽，调整这个模型组的控制枢纽在中间位置（图5-196）。选择这个模型组，用移动工具（W）、旋转工具（E）和缩放工具（R）调整这组立牌模型的整体位置、旋转角度和造型比例（图5-197）。

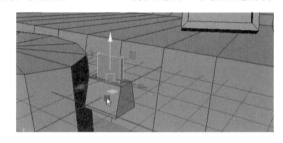

图5-195　新建多边形立方体并调整造型位置

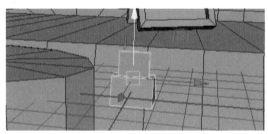

图5-196　将两个模型打组并调整位置和居中枢轴

图5-197　移动模型到指定位置

　　在视图中间创建一个多边形圆柱体。用缩放工具（R）调整模型比例后，在通道盒的输入（polyCylinder12）中将轴向细分数设置为12，高度细分数设置为2，端面细分数设置为2。双击全选圆柱体侧面中间的边，用缩放工具（R）整体放大，调整模型的造型（图5-198）。选择这个杯垫模型，用移动

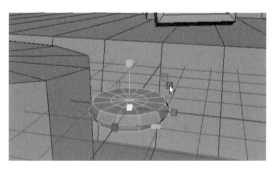

图5-198　新建多边形圆柱体并设置细分数调整造型

工具（W）调整模型位置（图5-199）。选择场景中的立牌模型，用移动工具（W）向下平移，继续调整其位置。选择场景中纸杯模型组，快捷键"Ctrl+D"复制出一个相同模型后，用移动工具（W）和旋转工具（E）调整这组纸杯模型的整体位置和旋转角度（图5-200）。

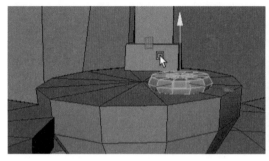

图5-199　调整模型位置

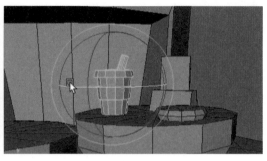

图5-200　将杯子与吸管模型移动过来

选择饮品场景中间摆放的纸杯模型，点击模型中的吸管模型进行删除后，选择两个纸杯模型，用缩放工具（R）纵向缩短模型高度（图5-201）。选择其中一个模型进行复制后，用移动工具（W）调整三个模型之间的位置关系（图5-202）。继续复制这个模型，用移动工具（W）移动至右侧桌面上，继续调整右侧模型之间的位置（图5-203）。

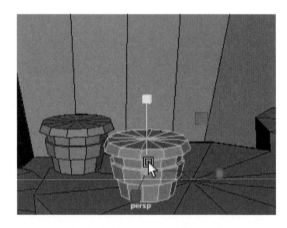

图5-201　复制纸杯模型并删除吸管模型

图5-202　复制模型并摆放位置1

图5-203　复制模型并摆放位置2

在视图中间创建一个多边形立方体。用缩放工具（R）纵向拉长，调整模型比例（图5-204）。进入编辑面的模式，选择上端面，点击挤出工具，将面进行整体缩小后向上拖动箭头（图5-205）。继续点击挤出工具，将蓝色箭头向上拖动，使面向上挤出（图5-206）。

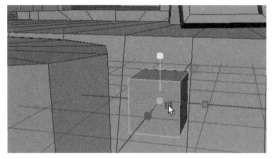

图5-204　新建一个多边形立方体

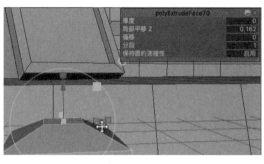

图5-205　挤出并调整造型

　　继续编辑面的模式，选择这个立方体的底面，点击挤出工具，将面进行整体缩小挤出后，继续点击挤出工具，将箭头向上拖动，使面向上挤出（图5-207）。进入编辑对象的模式，用移动工具（W）将这个立方体移动至场景模型中。进入编辑顶点的模式，框选模型下端所有顶点，用缩放工具（R）将整体进行放大（图5-208）。选择这个模型，继续进入编辑对象的模式，快捷键"Ctrl+D"将模型进行复制。用移动工具（W）和旋转工具（E）将复制出的模型移动至场景模型的另一侧，并旋转其角度，使这两个模型对称（图5-209）。

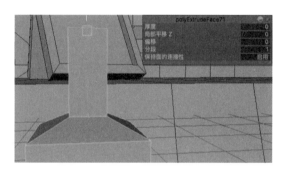

图5-206　继续向上挤出造型

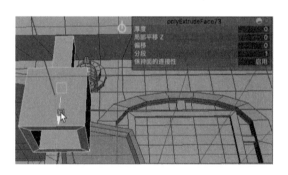

图5-207　用挤出工具制作下方造型

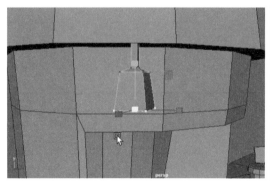

图5-208　编辑点调整造型

图5-209　移动模型位置

选择场景主体模型前端的三个多边形圆柱体，将前端两个删除，选择第三个圆柱体，将其高度细分数设置为2，端面细分数设置为2。双击全选圆柱体侧面中间的边，用缩放工具（R）进行整体放大，调整模型造型（图5-210）。选择这个模型，快捷键"CtrlL+D"复制出两个与其相同的模型，用移动工具（W）和缩放工具（R）分别对模型进行位置和造型的调整，使其三个模型为依次放大增高的造型（图5-211）。

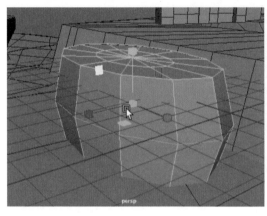

图5-210　调整多边形圆柱体的造型　　　　图5-211　复制并调整高度依次摆放

框选场景主体模型中的所有的模型，快捷键"Ctrl+G"将所选模型进行打组后，点击菜单栏中修改命令模块中的枢纽，调整这个模型组的控制枢纽在中间位置（图5-212）。重复上述操作，框选场景细节模型中的所有模型，将模型进行打组后，修改其中心枢纽（图5-213）。框选所有模型，点击菜单栏中编辑模块中按类型删除的历史，将所选模型的历史操作进行删除。

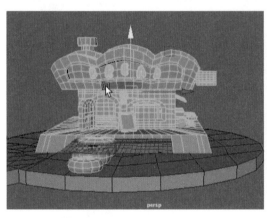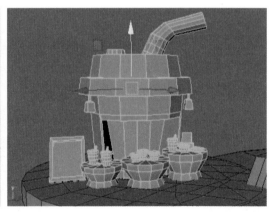

图5-212　选中指定模型并打组和居中枢轴　　　图5-213　修改中心枢纽

选择所有场景模型，用移动工具（W）向上平移，调整模型位置（图5-214）。点击菜单栏中网格工具下的插入循环边工具，依次点击场景中的所有模型，进行循环边的插入，确保模型在圆滑显示时不会过于圆滑（图5-215）。

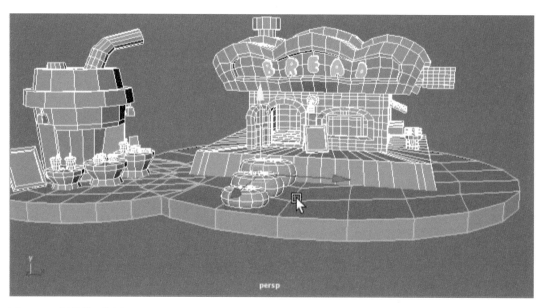

图5-214 调整模型位置

图5-215 用插入循环边工具调整整体模型

观察动画场景模型的整体造型，如不需要继续调整，点击文件中的保存场景，命名文件，将模型保存（图5-216）。

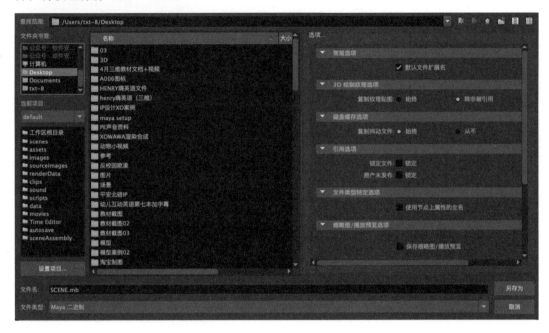

图5-216　保存模型文件